杨海莲 /著

静下来，一切都会好

中国华侨出版社
北京

图书在版编目（CIP）数据

静下来，一切都会好 / 杨海莲著. -- 北京：中国华侨出版社，2021.7
ISBN 978-7-5113-8373-0

Ⅰ.①静… Ⅱ.①杨… Ⅲ.①人生哲学—通俗读物 Ⅳ.① B821-49

中国版本图书馆 CIP 数据核字（2020）第 216278 号

静下来，一切都会好

著　　者：杨海莲
责任编辑：张　玉
封面设计：韩　立
文字编辑：史　翔
美术编辑：刘欣梅
经　　销：新华书店
开　　本：880mm×1230mm　1/32　印张：8　字数：160 千字
印　　刷：北京市松源印刷有限公司
版　　次：2021 年 7 月第 1 版　2021 年 7 月第 1 次印刷
书　　号：ISBN 978-7-5113-8373-0
定　　价：36.00 元

中国华侨出版社　北京市朝阳区西坝河东里 77 号楼底商 5 号　邮编：100028
法律顾问：陈鹰律师事务所
发 行 部：（010）58815874　　　传　　真：（010）58815857
网　　址：www.oveaschin.com　　E-mail：oveaschin@sina.com

如果发现印装质量问题，影响阅读，请与印刷厂联系调换。

前言

　　以平常心过生活,以清净心看世界。不管是患得患失的忧虑、焦虑不安的折磨,还是浅尝辄止的小心、没有耐心的暴躁,统统都是因为心不静,浮躁带给我们的只能是烦恼。高压下的现代都市人,精神的紧张与焦虑,内心的矛盾与压抑,情绪上的愤怒与冲动及人性的贪婪等,都会令我们不堪重负。看淡,心情才好,看开,日子才美。一个人摆脱烦恼、克服困难的首要方法,就是静下来,慢慢思索并找回最合适自己的办法。心若无物,随时把喧嚣的心静一静,便可一花一世界,一草一天堂。静下心,才能静静享受生活的美好,才能营造灵魂深处的那抹静怡。

　　心静了,世界就静了。本书对于亲情、爱情、友情,对于自在、觉察、清醒的生活有很多独到的见解,用深入浅出的道理和富有哲理的故事,为读者开启了一次与心灵对话的快乐之旅。它教会读者如何开阔自己的心胸、如何调节自己的心情、如何创造快乐、如何把平凡的日子过得生机勃勃、如何静心地思考人生……最终让生活工作在繁忙都市中的人们学会用平和淡定的心看待周围的一切，让心灵充满宁静的力量。

目录

第一章　静下来生活，用一朵花开的时间认真消遣

积存时间的生活 2

喜欢就一头栽进去 4

想做的时候就去做，请一直率性地活着 7

在你喜欢的城市，过上你想过的生活 9

人生不必太用力，坦率接受每一天 11

带着简约的精致感去生活 13

把美好的时光拿来虚度 15

亲爱的，请爱你现在的时光 17

有忙碌，有清闲 19

对不起，我注定会辜负你的期待 20

与安静的自己相遇，活得自由赤诚 22

在旅行中给自己一段柔软的时光 24

第二章 静下来工作，没事早点睡，有空多挣钱

专注，才是该有的工作态度 28
强化责任心，做一个出类拔萃的员工 30
做法千万种，而你要有自己的标准 33
把时间分给重要的人和事 36
脚踏实地地创造出自己的"不可被替代性" 38
一次只做一件事，一次做好一件事 41
做最擅长的工作，而不是被迫谋生 43
不找借口，不拖延，把精力放在解决问题上 46
保持张弛有度的工作节奏 48
工作狂，其实是一种"病" 50
跳槽也不一定就是解脱 52
不求功成名就，只要能照亮某个角落就够了 55

第三章 静下来规划，行动才会快起来

拉开人生差距的不是努力，是顶层设计 58
思考生存状态是为了埋葬所有彷徨 60
绝不安于现状，把握自己向上的节奏 62
恰切评估自我，正确期望未来 64
退一步，绕一圈，成功路上天地宽 67
现在的规划，决定你未来生活的样子 69

在照料皮囊的同时，不停止思考和工作 71
像记住初恋一样记住自己的事业梦想 73
专注，做到勤奋的样子很容易 75
行动，让一切美好如约而至 77
提高行动力，成功最好的仪式 83

第四章 静下来处事，圈子也要不断地"断舍离"

舒服的关系，贵在不计较 88
找准位置，不依赖别人，也不拘束自己 90
隐私这种事，别泄露自己的，也别过问他人的 92
不辩解，实力是最好的抗争 96
接受小小的请求，让微小的善意流转 98
说话有分寸是一种教养 100
沉默，用最笨的方法结交人脉 101
不轻易承诺，是你与别人最好的相处方式 104
别在语言暴力中丢掉了全部的风度 106
谦虚低调，会让自己的人缘越来越好 108
不要一味讨好别人，要学会为自己活着 110

第五章 静下来自省，人生进阶的基本逻辑

浮躁时代里你的成就不妨"慢"一些 114

慢一点，也会有你的世界 116
这个世界上有比"我要赢"更重要的事 118
很多东西不如和占有欲一起丢弃 120
抛却妄念，让世界看到不一样的你 122
挣脱自身的局限，拥有不平铺直叙的人生 125
发脾气要有正确姿势 127
不贪不恋，诱惑越大越要沉得住气 130

第六章　静下来沉淀，让思维和格局日益精进

思维和格局的精进，让人生有更多可能 134
要精也要进，再专业也得与时俱进 137
雄心的一半是沉稳，成功的一半是等待 139
以"正确的动机"面对竞争 142
从底层往上爬，打破常规会获得更多机会 144
打造习惯，让优秀变得轻而易举 149
永远不要停下学习的步伐 152
放下身段，才能抬高身价 155
"输得起"也是一种能力 157
不做物质的富人，精神的穷人 159

第七章　静下来治愈，不慌不忙变坚强

没有人比你自己还值得你深爱 162

战胜消沉，以热爱的姿态走向一切 164
独自去散步，给荒芜的生活一点儿"颜色" 166
找到新模式，彻底化解自卑 168
不完美也有滋有味 170
做一个内心有光的人 172
悲伤不会消失，却会变淡 174
也许有时候错的路也是可爱的路 176
可以有愤怒，但要自己能控制 178
试着让回忆淡如微风 181
只要不曾后退，走慢一点儿又何妨 183
挫折也是一种骄傲 185
信念是溺水时的救生圈，只要不松手，希望就在 187

第八章　静下来爱，谈一场不赶时间的恋爱

慢慢爱，有些事要用时间去证明 190
找个爱你但也有能力的伴侣 193
总有一场温暖的相遇会来 195
我们都曾有过一场声势浩大的暗恋 198
大胆去尝试，努力去爱 200
如果爱，请深爱 202
从此以后，你睡在我的记忆里 207
细微之处方显真爱 208

一蔬一饭，皆有感情 211

我们之间不近不远的距离 212

每天一个拥抱，收获人间小欢喜 215

低头的瞬间成全了爱 217

从此各自远扬，才对得起相爱一场 219

第九章　静下来感受，一切都会是期许的模样

幸福就是，以自己的方式定义生活 224

用感受力喂饱自己的灵魂 227

品尝知足的乐趣 229

不是大笑，不是狂笑，是微笑 231

最愉悦的事，就是灵魂相逢的狂喜 232

把握眼前的幸福 234

与世界和解，拥有的幸福会更多 236

快乐是一种精神，幸福是一种美德 238

任何地方都书写着美，用一颗清净心去感悟 240

第一章

静下来生活，
用一朵花开的时间认真消遣

积存时间的生活

做一个平凡的人，过一种平凡的生活，说起来显得"平庸"，其实那当中的一份"闲适"能给人带来的满足，并不一定就比整日奔波劳累、费心耗神求得的功名利禄带来的满足少几分。有时候，人们只计算物质产出或物质享受，却忽略了精神生活的质量，其实人生过程中常常是有所得必有所失，鱼与熊掌不可兼得。

人生的目的在于享受生命，在于体验生活的美好。冷板凳、矮板凳，只要坐得心安理得、踏踏实实，但坐无妨。高高在上、众星捧月，固然人生得意，但平平淡淡、清冷寂寞中更易品味人生的滋味。正如古人所说的：得岁月，延岁月；得欢悦，且欢悦。万事乘除总在天，何必愁肠千万结。放心宽，莫量窄，古今兴废言不彻。金谷繁华眼底尘，淮阴事业锋去血。临潼会上胆气消，丹阳县里箫声绝。福到弱草胜春花，运去精金逊顽铁。逍遥快乐是便宜，到老方知滋味别，粗衣淡饭足家常，养得浮生一世拙。

丽江古城曾经流传着一则这样的故事：一位外国游客走在流水淙淙、古风依然的街巷里，感到一切都是那么迷人，无意中看到一位身体很健康的老太太，正悠闲地坐在家门口，一边品着浓浓的沱茶，一边饶有兴趣地打量着各式各样的游客。老外就上前与她攀谈起来："老人家，您就是这样，每天用看风景打发时间吗？"老太太回答说："是的，我已经看了几十年风景，还想再看几十年。"老外又说："可是您有没有想过，光是看风景，会感到非常单调？假如您找到一份赚钱的工作，然后努力去干，就能有不少的经济收入。您富裕以后，就能盖一幢漂亮的房子，就能乘汽车到外地去看风景，外面的世界很大啊……"老太太笑道："我每天在家门口看风景，已经很满足了，再也不需要别的什么。"老外摊开双手，耸了耸肩，满脸疑惑。他感到老太太过的这种安逸、宁静而又平淡的生活方式实在难以理喻。

不是每一颗果实都曾经是美丽的花朵，也不是每一朵鲜花都能结成硕果。不是每个人都能腰缠万贯、地位显赫，也不是每个人都能获得让人羡慕的成功。但我们实在可以拥有许多平凡的事物，拥有一份平淡的心情。丽江古城那位老太太的生活就是如此，也许生活本来就是这样平凡而不应该有太华耀的渲染。平凡之中，人们应努力学会享受平淡。淡泊是一种高尚的思想境界，不贪名，不图利，心胸开朗，无忧无虑，无悲无悔，持公不私，始终保持一种心地纯洁的良好状态。

人们大都喜欢小蜜蜂，那是一种可爱的小精灵，羽化成形才三天时间，便开始了照顾幼虫与打扫"房屋"的工作。长大后就开始采花酿蜜的生活：酿造2斤蜂蜜，一只蜜蜂需要采集200万朵鲜花的粉蜜，飞行15万千米的路程。这可以说是再平凡不过的生活了，但就在这平凡之中，天天有鲜花，处处有芬芳——生活充满惬意，足乐矣。

所以，我们应以一颗平常心去看待自己，尤其是以平常心看待自己的人生。我们可以像一个凡人那样活着，像一个诗人那样体验，像一个哲人那样思考。

喜欢就一头栽进去

一个人必须有自己真正爱好的事情，才会活得有意思。这爱好应完全出于自己的真性情，是被事情本身的美好所吸引，而非为了某种外在利益。

萨特在拒绝诺贝尔文学奖时说："当我在创作作品时，我已经得到了足够的奖赏，诺贝尔奖并不能够给我增加什么，相反地，它还会把我往下压。它对那些寻求被人承认的业余作家来说是好的，而我已经老了，我已经享受够了，我喜欢任何我所做的，它本身就是奖赏，我不想再要任何其他的奖赏，因为没有什么东西能够比我已经得到的更好。"

2002年，梭罗博物馆通过互联网做了一个测试，题目是《你认为亨利·梭罗的一生很糟糕吗》。为了便于不同语种的人识别和点击，他们用16种语言给出了这个测试题。到5月6日（梭罗逝世纪念日），共有 467432 人参加了测试，其结果是：92.3%的人点击了"否"；5.6%的人点击了"是"；2.1%的人点击了"不清楚"。

这一结果出乎主办者的预料。大家都知道，梭罗毕业于哈佛大学，他没有像他的大部分同学那样，去经商发财或走向政界成为明星，而是选择了瓦尔登湖。他在那儿搭起小木屋，开荒种地，写作看书，过着原始而简朴的生活。他在世 44 年，没有女人爱他，也没有出版商赏识他，生前在许多事情上很少取得成功。他一生都只是写作、静思，直到得肺病在康科德去世。

就是这样的一个人，世界上竟有那么多的人认为他的生活并不糟糕，是什么原因使他们羡慕梭罗呢？为了搞清楚其中的原因，梭罗博物馆在网上首先访问了一位商人。

商人答："我从小就喜欢印象派大师高更的绘画，我的愿望就是做一位画家，可是为了挣钱，我成了一位画商，现在我天天都有一种走错路的感觉。梭罗不一样，他喜爱大自然，就义无反顾地走向了大自然，他应该是幸福的。"

接着博物馆又访问了一位作家，作家说："我天生喜欢写作，现在我做了作家，我非常满意；梭罗也是这样，我想他的生活不会太糟糕。"后来博物馆又访问了其他一些人，比如银行的经理、饭店的厨师以及牧师、学生和政府的职员等。其中一位是这样给博物馆留言的："别说梭罗的生活，就是梵高的生活，也比我现在的生活值得羡慕。因为他们没有违背上帝的旨意，他们都活在自己该活的领域，都做着自己天性中想做的事，他们是自己真正的主宰，而我却为了过上某种更富裕的生活，在烦躁和不情愿中日复一日地忙碌。"

原来最有意义的活法很简单，就是做自己喜欢做的事。一个人只有遵循自己内心的意愿生活，才能够感受到生命的价值和快乐，并从中发掘到一颗知足常乐的心。

被称为全能艺人的张艾嘉，在少女时期，几乎没有人认为她是美女，她的上镜机会很少；而当她静下心来，真正了解到自己喜欢的东西是什么的时候，她慢慢开始绽放光芒。

在《童年》《恋曲1990》等经典歌曲影响和感动一代人之前，罗大佑是学医的，后来他发觉自己对音乐情有独钟，所以他弃医从乐。事实证明，他的选择是对的。

每个人要使自己成为什么样的人，选择什么样的前途，要靠自己的行动。勇敢地做自己喜欢的事，无须渴望旁人的承认。只要坚持做自己喜欢的工作，去享受它，真心实意地对待它。让我们跟着心灵的节拍走，找到自己真正喜爱的事，放开手脚去追求……

林肯曾经说过："我一向认为：如果一个人决心获得某种幸福，那么他就能够得到那种幸福。"毫无疑问，幸福的心态是：能够做你想做的事。那么究竟谁有能力决定你的未来是幸福还是不幸呢？答案只有一个——自己。

想做的时候就去做，请一直率性地活着

一个父亲和他跛脚的儿子站在一幅金字塔画前，儿子被画上金字塔的雄伟所震撼，他问父亲这是哪里。父亲淡淡地说："别问了，这是你永远不能到达的地方。"20年后，已经年老的父亲收到一张照片，背景是和20年前照片上同样雄伟的金字塔，挂着拐杖的儿子站在金字塔前，笑容灿烂，照片背后写着一行字："人生不能被保证。"

跛脚的儿子用自己的行动证明"我能行！"当我们憧憬去做某件事情的时候，只要我们有足够的信心，并努力去践行，就一定会有笑容灿烂的那一天！

约翰·库缇斯先生是一个残疾人，并身患癌症，他没有双腿能潜水，没有双脚能驾驶汽车，他还是诸多体育项目的冠军得主，获得国家二级教练的荣誉。

约翰·库缇斯虽然没有脚，但他走过了比其他人都要长都要艰辛的道路；约翰·库缇斯虽然没有其他人高，但是他达到了许多平凡人都达不到的事业高峰。他对人生充满了爱，用真挚的爱去对待生活。许多人被他的坚强和不屈不挠的意志所感动，都忍不住好奇地问："你的业绩令人不可思议，你是怎么成功的？"

约翰·库缇斯回答说："永远别对自己说不可能，想到就努力去做！"正是这种信念，促使了约翰·库缇斯的成功。

生活有一条法则：有些事你要做随时可以做，有些人要见也随时可以见到；有些事你一生也许只有一次做的机会。

我们常常对自己许愿：等我彩票中了奖，我就去周游世界；等我买了房子有了自己的书房，我就每周看完一本书；等我头发再长一点儿，换个漂亮的发型，我就去告诉隔壁班那个男生我喜欢他；春天到了我就去另一个城市看老朋友……我们有很多想做的事情，但我们没有去做，我们在等一个最恰当的时候。其实，周游世界的计划并不需要发了大财才能实施，手上现有的积蓄就够你先游历一个国家；没有书房一样可以看很多书；隔壁班的男生不会只因为你的发型而接受或拒绝你；看老朋友和季节没有关系。我们不去做，只是因为我们懒惰、缺乏勇气、得过且过。

永远没有最恰当的时候，在任何时候做任何事，我们都不要有太多顾虑。

如果心中有牵挂的人，就赶快去告诉他你在乎他，即使他已心有所属，身有所归。没关系，示爱并不是求爱，只是让他知道你的感情，然后停在远处祝君安好。表达爱意也可以成为一件很有尊严的事情，不知道哪一天，那个你爱的人就会离你而去。

想要完成的梦想，就赶快去实现，时光飞逝，一转眼头发就白了。

想做什么就马上去做吧，最恰当的时候，就是你行动的时候。

在你喜欢的城市，过上你想过的生活

怎样才能获得快乐？那就是做自己想做的事。

那么怎样才能做自己想做的事情？答案毫无疑问是自己做自己的主人。只有做自己的主人、主宰自己的生活、掌握自己的命运，才能还自己一个快乐的人生。除此之外，别无他法。

生活中，也许很多人都会发出这样的感慨：从上学到现在，从来都没有为自己做过主，一直都把自己的梦想放在最后的位置。完成了父母的心愿，考上大学，却在众人的欢呼雀跃中感到自己的失落：成就了别人，委屈了自己，这是我想要的幸福吗？难道真的就这样与自己的理想失之交臂了吗？

当然不！我们每个人在这个世界上都是独一无二的，没有任何人能够替代我们自己的思想和行为，更没有人可以独揽我们的生活、操纵我们的生活，替我们做主。我们应该把脚尖抬起来，不再受别人的掌控，随心所欲地舞出自己的精彩，这样才会活得更幸福。

人在呱呱坠地时是非常软弱无力的，他们的命运掌握在别人手中。两岁以后，孩子的能力发展了，这时他们经常会想要自己动手做事情，因为孩子知道了快乐可以通过自己的行动而得到。幼教专家认为，教育幼儿要从培养自主意识开始，这很重要，让孩子自己做主，给他们足够的空间，不要让孩子的自主行为受到过多制约才有利于孩子成长。

比尔·盖茨的青春完全是自己做主的，也可以说，没有特立独行，就没有后来的比尔·盖茨和微软公司。比尔·盖茨有优越的家庭背景，父亲是律师，母亲是银行家的女儿。父母都希望儿子能按自己的愿望来生活，所以他可以在哈佛退学后进行计算机研究，正是因为一直以来，自己的生活完全由自己做主，所以才成就了日后的比尔·盖茨。

自主意识对于每个人在生活中都是很重要的。

自己做主就是自己掌控自己的生活，自己规划自己的人生轨迹，对自己的爱好、事业、前途、婚姻，以及要什么、不要什么很清楚，并有自己独到的看法和主张。说到底，一个人有没有主张，关键是看他到底是不是一个有主见的人。

心中有主见的人，走在人生的路途中就比较游刃有余、挥洒自如；心中没有主见的人，则容易随波逐流，显现出难以安定的生活基调，极易彷徨失落，不堪一击。

生活是自己的，没有人比你更了解自己。快乐不快乐、幸福不幸福只有自己知道，谁都不能替你幸福快乐，也不能替你做主，唯独自己做主的生活，才是真正属于自己的生活。

人生不必太用力，坦率接受每一天

不知从何时起，我们陷入不能自拔的高速运转的都市生活中，快节奏成为不可抗拒的生活主旋律。我们现在的生活像快速旋转的陀螺，来不及沉淀，来不及品味，来不及享受，只知道咣当咣当地向前奔。但是，慢，才是生活的本真。

一对男女认识10年之久，最终才相亲相爱，实在是太难得了。当"闪婚""闪离"成为流行语时，这对恋人的婚姻近乎传奇。

从一个城市到另一个城市，从一个频道到另一个频道，从一个网站到另一个网站，从一本杂志到另一本杂志，从一个博客到另一个博客……光是通信工具，这10年就翻了多少花样？还记得为装一部电话，从申请到装机居然花了整整一年，装上电话的喜悦没持续几天，又来了BP机，这BP机用了没几个月，人家又拿上了大哥大。咬咬牙，花1万块钱排队买了摩托罗拉手机，但很快就发现和最新款相比它已经显得笨重无比了。于是，再换最新款。各种功能的手机令人眼花缭乱，你明明知道那些功能用得极少，但还是忍不住跟着换来换去。

手机如此，计算机如此，汽车也是如此。很多人的第一辆自行车用了差不多20年。可现在呢？汽车刚买就被人讥笑过时了，真不知该怎么办。

至于旅游，李白花了一生的时间和精力，也只是游历了中国的大部分名山大川。而今天，只要我们愿意，只需花大约一个月的时间，就可以跟着旅行社把李白历尽千辛万苦才能观赏到的各地山水一览无余。只是李白那叫游历，而我们则是走马观花到此一游而已。

高速公路四通八达，民航、磁悬浮这些以速度取胜的交通工具，GDP的疯狂增长，在不断刷新我们的生活指标的同时，也越来越浓缩着我们本可慢慢消受的生活内容。

徜徉世间，偶然去博物馆参观各个地方的非物质文化遗产，发现它们全是慢的艺术，昆曲也好，刺绣也好，剪纸也好，糖人儿也好，都是带着人的体温、带着人的节奏的文化载体。

而我们当下的文化和娱乐则越来越电子化，是机械的节奏、电子的节奏，越来越没有值得细细品味的乐趣了。

历史似乎在告诉我们：人们啊，你慢些走。

当我们的整个生活都变快了的时候，慢，似乎已经变成了非常奢侈的事情。

当然，我们这里所说的"慢"字并不是让人毫无效率地打发时间，无所事事地混日子，而是强调一种心理状态，一种相对于现代人广泛存在的浮躁和焦虑的心境。

静下心来我们发现，快，从来都不是生活的目的。因为在快的节奏中，身体虽然在场，但心灵往往缺席。结果常常是一路上的好景色来不及看，一味地只关注目标和结果而忽略了对人生过程的感受。

慢,是时间送给我们最好的礼物。

岁月匆匆,时光荏苒,在慢的生活节奏中,我们的心灵才能对日常生活的世界平添一种本能地拥抱和感受,我们才能逐渐懂得去关注生命里真正重要的事物,去感悟生命的意义,不被细枝末节所纠缠。

带着简约的精致感去生活

中国作家刘心武说:"在五光十色的现代世界中,让我们记住一个古老的真理:活得简单才能活得自由。"

简单是一种智慧,是一种经历复杂之后的更上一层楼的彻悟。

人来到这个世上,并非为了受苦受累。寻找生活的乐趣、追求人生的幸福才是人类永恒的追求。

有人说,没有最好的生活,只有最好的设计,这是很有道理的。生活轻松快乐与生活劳累烦闷的感觉大半是由自己营造出来的。

有一个人厌倦了城市生活,于是辞去了工作,卖掉房屋,携带妻儿出外漫游。几年后回来,他们租了一间宽敞明亮的公寓,这为他们省下很多开支。当他们想再去旅行的时候,也不再觉得房产是沉重的负担,他们看起来就像是生活朴素却逍遥自在的人。

租房子的好处是不会有巨大的经济压力，租房的费用与买房相比简直不值一提。租房也意味着更多的选择，对现在的状况不满意了随时可以改变一下。很多租房的人并没有漂泊不定的感觉，相反，从某种意义上说，他们有更多的时间和精力去从事自己喜欢的活动，得到更多快乐。

现代人的生活比较复杂。到处都充斥着新奇和时髦的事物，充斥着金钱、功名、利欲的角逐，如果被这样复杂的生活所牵扯，我们能不疲惫吗？

梭罗有一句名言感人至深："简单点儿，再简单点儿！奢侈与舒适的生活，实际上妨碍了人类的进步。"

梭罗发现，当他把生活上的需要简化到最低限度时，生活反而更加充实。因为他已经无须为了满足那些不必要的欲望而使心神分离。

"简化"是生活中第一要做的事情，就像美丽精致的杂物一样，再好也是杂物，应该从生活中坚决剔除出去。

简化的第一步就是要知道什么是自己真正想要的。

不妨在手边常备一张便条纸、一支笔，把自己想要的东西、想完成的改变列个清单。当达到其中一项目标时，你会有强烈的成就感和满足感。

如果暂时做不到，那么只是把这些事项放在清单上就好了。过一段时间，你可能会惊奇地发现有的愿望自己居然实现了，或者你不再那么想要它了。

简单的生活是有目的的生活,保证有时间做自己想做的事,而不是让时光在繁乱的家事中流走。简单的生活能对自身、对环境保持真实,发现生活各个方面的合适位置,将生活、现实(有限的收入、时间和精力)与价值相结合,并将它们应用到一种舒适、有效的生活方式中。它是一种"生活的艺术",是一种谋求生存、面对自我和勇于革新的艺术。

把美好的时光拿来虚度

你是否沉浸于大量的工作中,忙得忘记了抬头看看天?

天空中也许出现一颗稍纵即逝的流星,拖着那长长的尾巴,闪烁在天际。

当绚丽的彩虹高挂在天边时,将手头的工作暂时放下,领着你的孩子好好地欣赏吧,因为它很快会被微风吹散,被太阳蒸融……

每一天,杰克都是脚步匆匆。早餐过后,他旋风般地飘出饭厅,顷刻间穿上得体大方的套装……

那天吃过早餐,他正聚精会神地忙碌着准备上午的会议时,听到4岁的女儿吉莲恩正合着她最喜欢的古典爵士乐的节拍,在欢快地蹦着、跳着。

杰克匆匆忙忙，因为就要迟到了。然而，就在那时，他内心深处有一个静默而坚定的声音在抗议："歇一歇吧。"

于是，他抛下千头万绪的工作，决意歇一歇。

杰克放松下来，看着可爱的女儿，他身不由己地张开双臂，将女儿揽入怀中，与她翩然共舞，这时7岁的女儿凯特琳也蹦蹦跳跳地过来凑热闹，杰克亦将她拥入怀中。

在爵士乐的旋律中，他们三人在餐厅里跳着快节奏的舞蹈。后来，居然舞到了客厅。他们开怀大笑，翩翩起舞——在这美妙的清晨。

那天早晨，邻居们肯定透过玻璃窗"欣赏"到这般疯狂的舞姿了，不过，这并没有影响到他们的兴致。

末了，在激动人心的喇叭奏乐中，杰克和女儿们停止了旋转。他亲昵地拍了拍她们，把她们送回卧室。

孩子们气喘吁吁地跑上楼去，她们清脆悦耳的笑声在房间里荡漾着。

他又要去上班了，他弯着腰，把一叠文件胡乱地塞进公文包。恰在这时，他听到一个无比纯真的童声——那是他的小女儿在对她的姐姐吐露心声："姐姐，你不觉得我们的爸爸是世界上最棒的吗？"

我们时常在工作中忙忙碌碌，然而，回想起这匆匆的人生之旅，是多么的沉闷乏味，错过了多少美妙的时刻。虽然，办公室的墙上挂满了各种奖章和奖状——那些都是大家呕心沥血而获得的。但是，亲人那真挚的一句"你不觉得我们的爸爸/妈妈是世界上最棒的吗？"却会使我们所有的荣耀在刹那间黯然失色。

当我们整日忙碌时，别忘了停下脚步欣赏一下生活的美好乐趣，别忘了停下脚步与家人共度美好时光，那将是你人生中最值得回味的美妙时刻。

晴朗的夜空，万籁俱寂。一瞬间，一颗流星划着优美的弧线掠过天空，那会是你生命中最美好的时刻。

亲爱的，请爱你现在的时光

人总是很贪婪，喜欢舍近求远，以为远处的景色是最美的，外面的世界更精彩。但人往往不懂得珍惜眼前所拥有的，总以为那些看不到的，甚至永远无法得到的东西才是最美好的，却忽略并厌倦了眼前习惯的事物，对于他们的美熟视无睹，但是等到失去的那一刻却后悔晚矣。

人都爱做梦，总是会想入非非地为自己虚构一些美丽的情节，却不知道这只是虚幻的梦，然后有些人会耗尽一生去追求，最终劳了神、伤了心。殊不知，眼前的风景是最美好的，自己已经拥有的也是最美好的。

永远要相信一句话，确定了就不要犹豫，争取了就不要后悔。

不要因为一次次的幻想和不知足，浪费了整个生命，等走完了整个旅程，才发现最好的已经错过，那时候生命已经到了尽头，为时已晚……要记住一句话：日子是用来享受的，不是用来发愁的。

大家都知道猴子摘果子的故事，淘气的小猴子丢了桃子去摘玉米，丢了玉米去摘西瓜，结果却一无所获，年幼的我们都对那只可爱的小猴子付之一笑。匆匆间我们都已长大，奔忙于旦与夕之间，明白了很多道理，却依然在上演着一幕幕小猴子摘果子的现代剧。有人忙碌于追求自己的梦想，却认为失去的才最珍贵；有人怀揣着许多收获，却身心疲惫，不敢放松。静心去想，其实我们并不快乐。

饥饿者视粮食贵于金钱，寒冷者视衣帛重于珠玉，只因他们真正体会到衣食的重要。成功的人珍惜自己的成功，失败的人珍惜自己的付出，因为他们知道自己在这过程中的艰辛。而智者，居陋室而自娱，无得失而自乐，他们珍惜自己所拥有的一切，因为他们知道只有现在拥有的才最值得珍惜，失去的和将来的只是水中月、镜中花，虽美却虚幻。

所以，人千万不能为了远处的风景而错过了眼前的美好，不能被惰性征服，要为自己而活，活出人生的价值和意义。

有忙碌，有清闲

平衡是生命和谐的标志，平衡是身体健康的基石。慢生活只是权宜之计，它并不能真正平衡极端动态的生活，最多只能起到缓冲的作用，只有静生活才能真正平衡极端动态的生活，才是提高生命质量的最优方案。

静极生动，只有心静下来，驱除杂念，无思无想，元气才能自行畅通，流经百脉。

心静神清。心不静，则意不定；意不定，则神不凝；神不凝，则心必粗暴、强硬，必冲突多多，痛苦烦恼。

著名作家金庸说："乐观豁达养天年，人要善于有张有弛，要像《如歌的行板》中的韵律一样，有快有慢，有动有静，使自己的身心得到平衡。我的心很静，无论遇到什么都心如止水，这样对健康很有好处。"

著名作家、国际文学奖获得者、多次诺贝尔文学奖提名候选人米兰·昆德拉说："事业成功而又健康的关键，是每周一小休，每月一中休，每年一大休。"

静生活不是支持无所作为，而是让人们在生活中找到平衡。

当然，工作很重要，但娴静也不能丢，如今人们的生活节奏太快，要学着停下脚步，静下心来，让自己不至于太辛苦，这样才能在工作和生活中找到平衡的支点。

　　面对越来越快的生活节奏,人们感受到的压力也越来越大,如何寻求一种更健康的生活方式一直是困扰许多人的问题。

　　德国著名时间研究专家塞维特说:"静生活与其说是一场运动,不如说是人们对现代生活的反思。"

　　在生活节奏飞速的今天,人们很少有时间静下心来思考"什么才是人生的真谛"。物欲催促着我们的脚步,时光一如既往地分秒流逝。我们的人生看似一些方面丰富了,而另一些方面却日益贫乏。

　　所以,应放慢脚步,学会平衡。而这种让生命平衡和谐的生活方式就是:工作忙,不忙心;生活动,不动心。

对不起,我注定会辜负你的期待

　　诗人汪国真在小诗《自爱》中写道:"你没有理由沮丧/为了你是秋日/彷徨/你也没有理由骄矜/为了你是春天/把头仰/秋色不如春光美/春光也不比秋色强。"秋色与春光,在不同人的眼中有不同的美丽;正如别人看你,有的人看到了你的优点,有的人看到了你的缺点,而有时候你竟忘了,正是这优点与缺点组合成了一个真实的你。

意大利女演员索菲娅·罗兰就是一个能够坚持自己想法、有主见的人。她16岁时来到罗马，要圆自己的演员梦，但她从一开始就听到了许多负面的议论。用她自己的话说，就是她个子太高、臀部太宽、鼻子太长、嘴太大、下巴太小，根本不像一般的电影演员，更不像一个意大利式的演员。制片商卡洛看好她，带她去试了许多次镜头，但摄影师都抱怨无法把她拍得美艳动人，因为她的鼻子太长、臀部太"发达"。卡洛对索菲娅说："如果你真想干这一行，就得把鼻子和臀部'动一动'。"索菲娅可不是个没主见的人，她断然拒绝了卡洛的要求，她说："我为什么非要长得和别人一样呢？我知道，鼻子是脸庞的中心，它赋予脸庞以性格，我就喜欢我的鼻子和脸保持它的原状。至于我的臀部，那是我的一部分，我只想保持我现在的样子。"她觉得不应靠外貌而应靠自己内在的气质和精湛的演技来取胜，她没有因为别人的议论而停下自己奋斗的脚步。她成功了，那些有关她"鼻子长，嘴巴大，臀部宽"等议论都消失了，这些特征因为她反而成了美女的标准。

索菲娅·罗兰在她的自传《爱情与生活》中这样写道："自从我开始从事影视工作，我就出于自然的本能，知道什么样的化妆、发型、衣服和保健最适合我。我谁也不模仿，从不跟着时尚走。我只要求自己看上去就像我自己，非我莫属。挑选衣服的原理亦然，我不认为你选这个式样，只是因为伊夫·圣洛朗或第奥尔告诉你，该选这个式样。如果它合身，那很好；但如果有疑问，那还是尊重你自己的鉴别力,拒绝它为好。衣服方面的高级趣味反映了一个人健全的自我洞察力,以及从新式样中选出最符合个人特点的式样的能力。你唯一能依靠的真正实在的东西,就是你和周围环境之间的关系,你对自己的估计,以及你愿意成为哪一类人的估计。"

在世界上,没有任何一个人可以让所有人都满意。跟着他人眼光行动的人,会使自己的光彩逐渐黯淡。人要活就活在自己的心里,不必把别人的评论变成自己的负担。要知道,背上负担,人就很难轻松自在地远行。

人活着更需要充实自己,不要过于在乎别人的眼光,而忘了观照自己的内心。每个人都应该坚持走自己的道路,不要被他人的观点所牵制。相信自己的眼睛、坚信自己的判断、执着于自我的选择,用敏锐的眼光审视这个世界,用心聆听、观察多彩的人生。

与安静的自己相遇,活得自由赤诚

花开花落,几度春秋,时光荏苒又是新的一年。

孩子们在欢呼雀跃:又长大了,又长高了;

父辈却在嗟叹:皱纹又密了,白发又多了,连身高都被年轮压矮了。

是啊，韶华易逝，青春再美丽，也只是人生的匆匆过客，来不及缱绻情长，便倏然离去，所幸我们还有精神。

郭沫若先生曾经说过："一个人老当益壮精神强，那人必然伟大；一个人未老先衰无精神，那人必然腐朽。"

的确，青春固然令人艳羡，但需要加倍地珍惜；而不老的青春，则更令人神往，因为它是不灭的创造生命的心灵之火，是一个人活着的精魂。

看我们的身边，有人刚到不惑之年，就形容枯槁，悲观厌世，消极度日；有人古稀之年，却热情洋溢，从外表到精神都始终优美且优雅地驻足在他们的青年时代。

当李敖旋风般地到祖国大陆进行了一次"神州文化之旅"，让人由衷佩服的，是他的蓬勃朝气和青春活力。

他西装革履，神采奕奕，慷慨激昂，那是一个71岁的老人吗？不，那是一个"充满青春活力的人"。

我们也一样，不管岁月留下怎样的印记，没人愿意接受老气横秋的羁绊，没人愿意让青春就此老去，那就善待它吧——

很多人在社会上摸爬滚打久了，身上多了世故却少了天真；处心积虑久了，脸上的表情也变得复杂起来。虽然人不可貌相，但是"相由心生"，人的容貌还是操之在己。

除了五官之外，气质和神韵才是一个人真正的精神内涵表现，心机狡诈之人绝无可亲的相貌；具有赤子之心的人其容貌一定清楚明朗；内心不安定的人，眼神一定闪烁不定；拥有天真美善之心的人，眼睛一定清澈明亮。

拥有童稚之心，说起来很简单，实行起来却不容易，就好像世界上的道理一样，听起来十分简单，做起来却十分困难。但是，凡事存乎一心，若能从心开始，复杂就会趋向简单，简单就会趋向清澈。从世故到天真和从天真到世故，其实是一体两面，就好像黑夜和白天，只有放下世故的复杂面貌，才能回归天真的本质。

正是因为"天真"，人生才多了些趣味，所以让我们永葆赤子之心，在生活中多点纯真、少点世故，做个纯真而成熟的人。

在旅行中给自己一段柔软的时光

美在生活中无处不在，有事物之美、景物之美、形象之美。

我们常听人抱怨说，生活一团糟，根本感受不到美，事实上恰恰相反，不是他的生活中没有美，而是他不去看不去留心，美其实就在他身边。

万物复苏，你可以在阳春三月游逛于山林田埂，看着那树上嫩生的芽儿，凑过去闻一闻——清新油然而生。闭上眼，聆听那远近的鸟语和淙淙的溪流。你可以选择一块绿莹莹的草地坐下来深呼吸，一阵与平时城市喧嚣截然不同的清爽气息从鼻端洋溢到心灵深处。你觉得畅快，便可以站起来，狂奔一阵，用尽全力大喊几声，就像嫩芽突破表皮，花瓣胀破骨朵。这就是大自然美好的春天，你可以把自己想象成为春天的一棵小草，跟着万物享受春天的美好。

夏天的时候，你可以躲避骄阳去水库或者湖边钓鱼。赤着双脚坐在树荫下，树荫外风和日丽，树下凉风习习，你看着蓝天白云和波光粼粼，草儿抚弄着你的双脚。当你疲惫时，可以放下鱼饵，把鱼竿插在一边，抬头张望一番，你会看见满眼的绿色。水光山色，回清倒影，令人心旷神怡。水面上游弋着几只野鸭，天上忽然飞过一只苍鹰，这些影像全都钻到你的脑海中变成美好的回忆。如果你擅长游泳，也可以在浅滩或游泳池里潇洒一番，幻想自己是一尾灵活的鱼，在自由地游弋。

秋天是成熟的季节，你可以携着家人漫步于山间小径。时而一排大雁掠过头顶，时而几只野雏在林中跳跃，拖着又长又漂亮的尾羽，有点"飞天凤凰"的味道。此时，你会发现河流变细了，树叶黄了，田野空了，田埂边只有几个孩子在玩泥巴，你感觉自己似乎又回到了童年。

冬天的美是雪花飘飞银装素裹，那雪白的天地令人想起唐人诗句"忽如一夜春风来，千树万树梨花开"。雪后的村庄更显宁静，远远看见一片梅林，生机盎然，再不是"驿外断桥边，寂寞开无主"的寒梅，而是"风雨送春归，飞雪迎春到"的早梅，绽放于悬崖，俏丽在隆冬，与松柏争雄，和严寒斗智。慢慢地，冰消雪化，万物复苏，山也朗嫩，水也清秀。冬天让人感到希望。

我们睁大眼睛到处搜索美的身影，或许它就溜走于指尖。而静闭双眼感受身边的事物，美就在眼前，就在身边，就在这花草之间，田埂之上，在这春夏秋冬的一颦一喜中。只要你肯发掘，不被尘埃和心里的惆怅蒙住了双眼，你自然会感受到这些美好。不管你在哪儿，不管你身处何境，美对我们每个人来说都是公平的、永远不缺乏的。

第二章

静下来工作，没事早点睡，有空多挣钱

专注，才是该有的工作态度

姚明曾经这样回答那些仰慕他的成就的人："如果自己专心做一件事情，集中注意力就可以做好。"

就工作而言，是勤奋重要，还是专心重要？

也许你要说，当然是勤奋了！连爱迪生都说，天才是 1% 的灵感加上 99% 的汗水。

你发现了吗？

每天，你上班第一件事也许就是打开微信，跟朋友扯几句闲话，或者再刷刷微博，看看有没有新的娱乐八卦。

没工作多久，说不定你的朋友就会发给你一个有趣的链接，你放下手头的工作，随手打开看个乐呵。一高兴，你还会打开 E-mail 把这个好玩的链接广泛传播给其他朋友。

觉得工作有点儿累了，你便开个小差，到游戏网站里找个好玩的在线小游戏玩上一番，或者跑到文学网站追读前两天刚刚发现的一个超级吸引人的小说。

一天下来，你发现自己累得够呛，但工作却没有多大进展，你甚至开始思考要不要通过勤奋加班来换取工作的进展！

到底问题出在哪儿了？是你的工作时间还不够长、你的工作态度还不够认真吗？

美国作家盖尔·乔克斯特曾在一篇叫作《甜饼的秘密》的文章中写道：

"烤小甜饼时，总有人试图一心多用，身兼数职——我也不例外。我把无线电话夹在耳朵跟肩膀中间，一边煲电话粥，一边洗碗、熨衣服，眼睛则盯着电视新闻，直到烟雾报警器响起，巧克力甜饼被烤得形如焦炭。对高效率的追求，不知断送了多少小甜饼，我却乐此不疲。

"直到有一天，姑姑讲起她的婆婆布伦纳太太。布伦纳太太烤的橙味栗子曲奇饼举世无双。姑姑40年前尝过一个，从此再也无法忘怀。姑姑还说，布伦纳太太烤甜饼的秘诀，她至今记忆犹新。

"'什么秘诀？'我迫不及待地问，以为会听到'她总是先筛4次面粉'或者'她只用不加盐的黄油'那样的绝技，姑姑的回答却令我大吃一惊。

"'布伦纳太太总是坐在烤箱前。当时的烤箱远没有现在先进，没有玻璃窗，没有温度显示，更没有计时功能，她需要不时拉开烤箱门，观察甜饼的进展。'

"姑姑慢条斯理地说：'布伦纳太太烤甜饼时，别的事一概不干，专心地守着烤箱里的甜饼——这就是她的秘诀。'听了姑姑的话，我恍然大悟，布伦纳太太的秘诀就是安详纯净的心态。"

和故事中总把甜饼烤焦的主人公一样，我们很多时候都不能集中注意力，但往往只有当注意力分散导致不能有效率地完成工作甚至发生错误的时候，我们才会意识到问题的存在。容易让人分心的环境，胡思乱想和情绪因素都会导致注意力不集中。你的思路就像一只跳来跳去的猴子，训练自己集中注意力就是要驯服这只大猴子。知道为什么会注意力不集中，就容易对症下药了。

想要专心，唯一的办法就是列出应该做的事情，分轻重缓急，每次只完成一件。否则总是惦记着应该做却没有完成的事，只能分神，哪能专心？

我们生活在五彩缤纷的大千世界中，每一瞬间总会有许许多多的事物同时影响着我们。做事情时，我们要像照相聚焦时一样注意当下所做的事情，而不理会其他事物，才会有所收获。

强化责任心，做一个出类拔萃的员工

松下幸之助说过："责任心是一个人成功的关键。对自己的行为负责，独自承担这些行为哪怕是最严重的后果，这种素质构成了伟大人格的关键。"事实上，当一个人养成了尽职尽责的习惯之后，从事任何工作，他都会从中发现工作的乐趣。在这种责任心的驱使下，工作能力和工作效率会得到大幅度提高，当我们把这些运用到实践当中，我们就会发现，成功已掌握在自己的手中。

一位超市的值班经理在超市巡视时，看到一名员工对前来购物的顾客态度极其冷淡，偶尔还向顾客发脾气，令顾客极为不满，而这个员工却毫不在意。

这位经理问清原因之后，对这位员工说："你的责任就是为顾客服务，令顾客满意，并让顾客下次还到我们超市购物，但是你的所作所为是在赶走我们的顾客。你这样做，不仅没有承担起自己的责任，而且还正在使企业的利益受到损害。你懈怠自己的责任，也就失去了企业对你的信任。一个不把自己当成企业一分子的人，就不能让企业把他当成自己人，你可以走了。"

这名员工由于对工作的不负责任，不但危害了企业的利益，还让自己失去了工作。可见，对工作负责就是对自己负责。

对那些刚刚进入职场的大学生来说，对工作负责不但能够使自己养成良好的职业习惯，还能为自己赢得很好的工作机会。但如果缺乏责任感，就只能面临被淘汰的结果。

晓青曾是一家软件公司的程序员。学计算机专业的晓青毕业后就进入了这家比较大的软件公司工作。上班的第一个月，由于她刚毕业在学校还有一些事情要处理，所以经常请假，加上她住的地方离公司比较远，因此也经常不能按时上下班。好在她专业技术过硬，和同事一起解决了不少程序上的问题，很明显，公司也很看重她的工作能力。

学校的事情终于处理完了，但晓青上班仍像第一个月那样，有工作就来，没有工作就走，迟到，早退，甚至还在上班时间拉同事去逛街。有一次，公司来了紧急任务，上司安排工作时怎么也找不着她。事后，同事悄悄地提醒她，而她却以一句"没有什么大不了的"，让同事无言以对。她认为自己工作能力够了就行，其他的不必放在心上。结果可想而知：在试用期结束后的考评中，晓青的业务考核通过了，但在公司管理规章和制度的考核上给卡住了，她只能接受被淘汰的命运。

"没有什么大不了的"，绝不是一位初涉职场的新人或是任何一位员工在有工作任务的时候可以说的话。上班时间逛街是绝对不可以的，接到工作任务，也必须认真对待。把公司的照顾当作福利，缺乏应有的责任感，就是能力再强，公司也只能忍痛割爱了，毕竟公司看重的是员工的团队意识。

对工作负责就是对自己负责。所以，任何一名员工都应尝试着对自己的工作负责，那时你就会发现，自己还有很多的潜能没有发挥出来，你其实比往常出色很多倍，你会在平凡单调的工作中发现很多的乐趣。最重要的是你的自信心还会得到提升，因为你能做得更好。

当你尝试着对自己的工作负责的时候，你的生活会因此改变很多，你的工作也会因此而改变。其实，改变的不是生活和工作，而是一个人的工作态度。正是工作态度，把你和其他人区别开来。这样一种敬业、主动、负责的工作态度和精神让你的思想更开阔，工作起来更积极。尝试着对自己的工作负责，这是一种工作态度的改变，这种改变，会让你重新发现生活的乐趣、工作的美妙。

做法千万种，而你要有自己的标准

在我们的工作中经常会出现这样的现象：

——5% 的人并不是在工作，而是在制造问题，无事必生非，他们是在破坏性地做。

——10% 的人正在等待着什么，他们永远在等待、拖延，什么都不想做。

——20% 的人正在为增加库存而工作，他们是在没有目标的工作。

——10% 的人没有对公司做出贡献，他们是"盲做""蛮做"，虽然也在工作，却是在进行负效劳动。

——40% 的人正在按照低效的标准或方法工作，他们虽然努力，却没有掌握正确有效的工作方法。

——只有 15% 的人属于正常范围，但绩效仍然不高，仍需要进一步提高工作质量。

这些人做事看似很努力、很敬业，但他们不精益求精，只求差不多。尽管从表面上看来，他们很努力，但结果却总是无法令人满意。

在他们的工作经历中，也许都发生过工作越忙越乱的情况，解决了旧问题，又产生了新故障，在一团忙乱中造成了新的工作错误，像无头苍蝇一样四处打转，越忙越"盲"，把工作搞得一团糟。结果是，轻则自己不得不手忙脚乱地改错，浪费大量的时间和精力，重则返工检讨，给公司造成经济损失或形象损失。但如果我们能在第一次就把事情做对，就能大大提高办事效率和成功的概率。

罗青是一家文化公司创意部的经理，曾为自己做事粗糙的习惯付出了巨大的代价。有一次，由于完成任务的时间比较紧，他在审核广告公司回传的样稿时没仔细看，弄错了一个电话号码——服务部的电话号码被他们打错了一个数字。就是这么一个小小的错误，给公司带来了一系列的麻烦和损失。

罗青忙了大半天才把错误的问题理清楚，耽误的其他工作不得不靠加班来弥补。与此同时，还让领导和其他部门的数位同人和他一起忙了好几天。

罗青的故事告诉我们一次性做对事的重要性。我们平时最经常说到或听到的一句话是："我很忙。"是的，在"忙"得心力交瘁的时候，我们是否考虑过这种"忙"的必要性和有效性呢？假如在审核样稿的时候罗青稍微认真一点儿，还会这么忙乱吗？

由此可见，第一次没做好，同时也就浪费了没做好事情所花费的时间，返工的浪费最冤枉。第二次把事情做对，既不快，也不便宜。

工作缺乏质量，容易出错，结果忙着改错，改错中又很容易忙出新的错误，恶性循环的死结越缠越紧。这些错误不仅让自己忙，还会让很多人跟着你忙，造成整个团队工作效能的低下。

一份研究报告披露说，在华盛顿因工作马虎造成的损失，每天至少有100万美元。该城市的一位商人曾抱怨说，他每天必须派遣大量的检查员，去各分公司检查，尽可能地制止各种马虎行为。在许多人眼里有些事情简直是微不足道，但积少成多，积小成大。

一些不值一提的小事会影响他们做事的工作效率，当然也会影响到他们工作上的晋升和事业上的发展。

一些人在工作和生活中养成了马马虎虎、心不在焉、懒懒散散的坏习惯。他们没有工作的质量观念，总想着还有下一次修正的机会，这样是无法保证工作绩效的。

我们工作的目的是为了创造价值，而不是制造错误以后再去改正错误。在工作完工之前，想一想出错后带给自己和公司的麻烦，想一想出错后造成的损失，就应该能够理解"第一次就把事情完全做对"这句话的分量了。

"第一次就把事情做对"（Do It Right The First Time，简称DIRFT）是著名管理学家菲利浦·克劳士比"零缺陷"理论的精髓之一。"第一次就做对"是最便宜的经营之道，也是最快捷的成功之道！"第一次就做对"的概念是企业的灵丹妙药，同时也是我们提升工作效率的一个重要法则。

无论做什么事，都要讲究到位，半到位又不到位是最令人难受的。在我们执行工作的过程中，"第一次就把事情做对"是一个应该引起足够重视的理念。如果这件事情是有意义的，现在又具备了把它做对的条件，为什么不现在就把它做对呢？

只有坚持一次把事情做对的工作理念，我们的努力才能实现良性运转，个人事业才有兴旺可言。

把时间分给重要的人和事

每逢春节时，许多人都要在家门口倒贴上一个"福"字，象征"福到"。

也有许多人定期到庙里祈福，在神圣的庙堂里说出心中的期待。

对自己说出期待，一定需要一种特殊的仪式吗？

不用。

对世界宣告梦想，一定需要一个特别的平台吗？

不用。

只要你能找到一个使自己静下心的场所，清除杂念，专注于当下，你就能接近自我，探索自我，找出最真切的愿望，然后开始思索如何一步步实现梦想、提升自我。

比如，就在此刻，试试完全心无杂念地全力工作一整天。

除非遇到火烧眉毛的事，很少有人让自己的精神持续处于紧张状态。过度的紧张反而让人难以正常发挥，只有适度的紧张才会让人有机会发挥出自己的潜能。

改变一下平常工作时的漫不经心和随心所欲，专心于手头的任务，最好给自己下一个死命令，今天必须完成多少任务。这个任务的工作量要超出平时，因为平时真正工作的时间可能比今天要少许多。

控制自己，不要加入大家的闲话会，也尽量不要去旁听，否则手中的活就慢下来了，甚至可能会因为注意力的分散而出差错，影响工作质量。也许别人会在累了的时候喝喝茶、看看报纸，不要觉得心痒痒，想想这个时间你可以比别人多干很多活。当一天的工作结束的时候，你也会比别人多收获一份内心的充实感。

工作中你不但在行动上不要让自己闲下来，在思想上也不要走神。有时候，你可能会想想工作以外的事，尤其当你有心事的时候。尽量让自己的思绪集中在工作上、不要任意神游。无论是高兴的事，还是烦恼的事，工作的时间都不要去想它。当你用工作把自己的脑子填满的时候，你就不会再有余暇去顾及那些所谓的心事了。

让你连续工作一两个小时不开小差，这不算什么难事，但是让你在一整天的时间里都持续不断地专注于工作却很有难度。人难免会在不知不觉中走神，一旦发现自己的注意力分散，就马上对自己喊"停"，然后让自己把全部的注意力转移到正在忙的工作上来。

静心，顾名思义就是让心安静。静心应是专注于一事或一物、心沉于一隅、不浮躁、不喧哗、自然地处理事物、和谐地与人交往的那份恬然的心境。

街上，喧嚣的人群、闪烁的霓虹、长龙似的车流让人难以专注；办公室里，忙碌的事务、微妙的人际关系、不断进步的要求让人难以专注；家中，精彩的电视节目、你来我往的人情聚会、虚拟的 QQ 聊天让人难以专注……所有的人都在社会及自己的发展洪流中奔腾不息……偶尔试试无视它们吧，专注于眼前的工作，全心地投入进去，把你的心置于不染俗尘的纯净空间。当你的心真的静了，繁重的工作就不再会是恼人的枷锁，而会成为一缕清幽的阳光、一杯甘醇的香茶。

脚踏实地地创造出自己的"不可被替代性"

当过老师的人可能都有这样的体会：在学校里学习最好的学生，走向社会之后，未必是工作最出色的人。这种奇怪的现象让很多人百思不得其解，但一位老教授为人们解开了这个疑惑。

老教授说，根据自己多年的从教经验，他发现许多在校时资质平平的学生，在毕业几年、十几年后，却带着成功的事业回来看老师；而那些原本看来会有美好前程的孩子，很多却一事无成。他常与同事们一起琢磨，终于明白：成功与在校成绩并没有必然的联系，却与踏实的性格密切相关。平凡的人比较务实、勤奋、自律，所以许多机会都落在他们身上，成功之门也必定会向他们大方地敞开。

脚踏实地是一个被人们不断强调的主题，人们总是说："千里之行，始于足下。"但是在平凡的岗位上，能够吃得了苦，耐得住寂寞的人却越来越少。许多人刚步入职场，就梦想明天当上总经理；年轻人刚创业，就期待自己能像比尔·盖茨一样成为世界巨富。要他们从基层做起，他们会觉得很丢面子，甚至认为是大材小用。所以，尽管他们有远大的理想，但缺乏脚踏实地的工作态度，自然也就很难获得成功。

所以，越来越多的职场人士开始清晰地认识到，脚踏实地是实现梦想、成就一番事业的关键因素，而自以为是、自高自大是脚踏实地的最大敌人。你若时时把自己看得高人一等，处处表现得比别人聪明，那么你就会不屑于做别人的工作，不屑于做小事、做基础的事。日子久了，你就会变得投机取巧，对于工作缺乏基础性的知识与经验，理想的实现和目标的达到，也将成为镜中花、水中月。

一个拥有目标的人是踏实而幸福的。因为当一个人没有目标的时候,他的眼神是茫然的、没有落点的,也无法聚焦。这样的人应该听孔子的话"不如博弈",不如去打打麻将、下下棋,总比无端空耗生命好。所以,踏实地忙碌总好过空洞地幻想。用现在流行的一句话来说:"仰望星空,但也要脚踏实地。"在每一个浪漫的思想下,请先垫起一块坚固的石头。

每个职场中的人要想实现自己的梦想,就必须调整好自己的心态,打消投机取巧的念头,从一点一滴的小事做起,在最基础的工作中不断地提高自己的能力,为发展自己的事业积累雄厚的实力。无论多么平凡的小事,只要彻底做成功,便是大事。假如你踏踏实实地做好每一件事,你就绝不会碌碌无为地度过一生。

我们都是平凡的人,只要抱着一颗平常心,踏实肯干,有水滴石穿的耐力,我们获得成功的机会就并不比那些禀赋优异的人少。

凡成就一份功业,都需要付出坚强的心力和耐性。如果你想坐收渔利,那只能是白日做梦。如果你想凭侥幸、靠运气夺取丰硕的果实,那么运气便永远不会光顾你。

如果一个人有脚踏实地的精神,具有不断学习的主动性,并积极地为一技之长下功夫,那么他获得成功就会变得容易。一个肯不断扩充自己能力的人,总有一颗热忱的心,他们甘于平凡的小事,肯干肯学,会多方求教他人。也许他们出人头地的时间较晚,但可以在各自的职位上走得很远。因为在那些韬光养晦、默默无闻的岁月里，他们增长了见识，提升了能力，学到了许多扎实的知识。

一次只做一件事，一次做好一件事

有段时间小杜构思了一个很好的题材，这个题材他酝酿了很长时间。

一个周末的下午，小杜在从图书馆回来的路上，一边骑车一边从细微处在脑海里勾勒这篇文章，他感觉已经到了瓜熟蒂落的程度，有种回去后非写出来不可的感觉。

不到一杯茶的工夫，他已将落笔处、突破口、升华段落都考虑周全了，忽然电话响了一下又断了，停车一看，是一个很好的文友打来的。

大街上很嘈杂，小杜决定回去后安静地回给他。此时路过一家超市，超市外面正在进行换季服饰大甩卖，刚好小杜也需要买件衣服。于是停车、挑选、购物，花了近半个小时。

离开后，没走多久听到有人喊自己，是曾经的老上司。出于对老上司的尊重，小杜陪他聊天、抽烟，花了一个多小时。

在快到宿舍的路上，小杜又接到一个电话，是同系统一个关系很好的同事，他求小杜帮他写一个很紧急的公文材料，于是小杜应诺赶到同事办公室。等写完材料时天已经黑了，同事提出请小杜吃饭。两个人在饭桌上推杯换盏，一瓶白酒下肚，时间已到了晚上9点多了。

回到宿舍给文友匆匆回完电话，有点昏昏欲睡的感觉。写出那篇文章的意念早被抛到九霄云外，于是睡去。第二天单位有事整整忙了一天，紧接着又出差10天，写作的计划又被搁置了。

直到现在，庸常的生活和没有定数的工作早已将小杜那时构思的文章冲得支离破碎，没了踪影。

另外，捷克诗人塞弗尔写过一个故事：

一个叫保尔·魏尔伦的诗人，他的妻子生病了，让他到药店抓药，他就去找附近的药店。

途中，他穿着拖鞋，在路上遇到了诗人兰波，兰波没费多少口舌就说服魏尔伦到比利时去旅行了。

当晚魏尔伦穿着拖鞋出走了，他可怜的妻子躺在病榻上还在等他的药哪。

有时，我们像极了魏尔伦。"抓药"是我们的目的，可是太多的牵绊却让人半途被自己的梦想之路分岔，我们甚至与梦想背道而驰、南辕北辙。原本可以实现的一些目标，因为一些庸常的琐事而搁浅、拖拉、消磨。

正如小杜要写的文章一样，被买衣服、聊天、写材料、喝酒这些梦想之路上旁逸斜出的枝枝节节所缠绕，直至泯灭，而这些琐碎事务和细枝末节完全可以精简、压缩、忽略甚至删除。

如果成功是一棵从我们理想的板块上破土而出的树，那么生活确实需要一把剪刀，用专注的心态握住毅力的剪柄，用恒心的刀刃剪去太多错乱的牵绊、羁绊和枝蔓。因为，最具价值的人生需要毅力支撑，需要智慧引领，而成功之果常常结在没有杂草藤蔓缠绕的枝头上。有限的生命周期，开花的季节并不多，庸常的风云却常常弥漫视野，生活多了变量，能够自给的养料也十分有限，我们所做的只是打磨一把剪刀，果断地剪掉繁杂的枝蔓……

做最擅长的工作，而不是被迫谋生

一个人在与其人格类型相一致的环境中工作，容易感受到乐趣和内在满足感，最可能充分发挥自己的才能。

许多人在谈论某位企业家、某位世界冠军、某位著名的电影明星时，总是赞不绝口，可是联系到自己，便一声长叹："我不是成才的料！"他们认为自己没有出息，不会有出人头地的机会，职业道路无法发展。理由是："生来比别人笨""没有高级文凭""没有好的运气""缺乏可依赖的社会关系""没有资金"等。而要获得职业成功就必须要正确认识自己，合理地规划设计，坚信"天生我材必有用"。

自卑感扼杀一个人的聪明才智，另外，它会在职业生涯发展中形成恶性循环：由于自卑感严重，不敢干或者没有魄力，这样就显得无所作为或作为不大；旁人会因此说你无能，而这样的议论又会加重你的自卑感。因此必须一开始就丢掉自卑感，大胆干起来。

谦虚是一种美德，但缺点往往是优点的过分延伸。过于谦虚，或者由于自卑而谦虚，都是不应该的。几乎每一个事业有成的人都是非常自信的，自信可以使人精神振奋、勇于进攻、战胜困难。所以，必须积极寻找自我解脱之路，走出自卑的心理误区。

古人说："把自己看太高了，便不能长进。把自己看太低了，便不能振兴。"美国一位心理学家认为：多数情绪低落、不能适应环境者，皆因无自知之明。他们自恨福浅，又处处要和别人相比。总是梦想如果能有别人的机缘，便将如何如何。其实，只要能客观地认识自己，就能走出职业情绪的低谷。

即使是那些看起来很笨的人，也会在某些特定的方面有杰出的才能。中国古代有个叫阿留的人，各方面都很无能，但在绘画方面是个天才；陈景润当不好数学教师，却可以进攻世界难题；柯南·道尔作为医生并不著名，写小说却名扬天下……每个人都有自己的特长，都有自己特定的天赋和素质。如果你选对了符合自己特长的目标努力，就能够成功，如果你没有选对符合自己特长的目标努力，就多少会埋没自己。

金无足赤，人无完人。能力的差异是客观存在的，由于能力的高低不同，才有伟大人物与平民百姓之分，才有声名赫赫与默默无闻之分。

　　一个人长于此,未必长于彼,"智者千虑,必有一失;愚者千虑,必有一得"。能写的人不一定健谈;擅于思考的人不一定有好的记忆力;学者富于抽象思维能力,却可能缺乏具体的操作能力;伟大人物能率领千军万马,做出惊天动地的大事业,对家庭琐事却可能一筹莫展。

　　所以,每一个人都应该根据自己的特长来规划自己、量力而行。根据自己的条件、才能、素质、兴趣等,确定职业的进攻方向。即使是从事科学研究的人,除了要擅于观察世界、观察事物以外,也要擅于观察自己、了解自己。

　　俗话说:"天生我材必有用。"当人生下来时,智力就有高下之分,在不同的社会背景下成长,会表现出能力上的差异。但社会对人才也有多层次的需求,既需要工程师、科学家,也需要售票员、清洁工。"三百六十行,行行出状元。"每个人都应该在社会中找到适合自己的职业。对自己的职业发展应该建立在现实的基础上,倘若一味与别人攀比,好高骛远,只能导致失败、挫折,从而加重心理创伤。

不找借口，不拖延，把精力放在解决问题上

拖延、拖拉对于各种需要行动的事，往往都有太多的包袱、准备或者使命感，而这些恰恰成为一种心理的自我袒护，是退却的"完美反应"。只是再完美的退却，远不如一次简单的出击。

拖延、拖拉者的一个悲剧是：一方面梦想仙境中的玫瑰园出现，另一方面又忽略窗外盛开的玫瑰。昨天已成为历史，明天仅是幻想，现实的玫瑰就是"今天"。拖延、拖拉所浪费的正是这宝贵的"今天"，这样他的生活必然是：

陷入焦虑，拖拖拉拉，自以为"临期突击是完成任务的妙法"，结果，时间压力给人带来一个又一个的焦虑，天天在着急上火中生活。

一些人表面上也像个实干家，为自己确立目标制订计划，但很少去落实。这漂亮美好的计划，使人毫无作为。

当问题成堆时，有的人选择明日复明日；本来不过是举手之劳的事，可总是拖延，成为一个紧迫问题，在你最紧张的时候来抢你宝贵的时间。

有些人每天为了工作忙得焦头烂额，恨不得一天能有26个小时。实际上，问题并不出在时间不够上，而在于他们不会善用时间。

面对堆积如山的杂事，这些人只会哀叹"时间不等人"。随着没有按时处理完的事情越来越多，他们的挫败感也会越来越强烈，甚至连身心健康都会受到影响。

解决问题的方法其实不难，在日常生活中养成良好的习惯，并且懂得运用一些技巧提高办事效率。我们应当学会享受充实的生活，而不应为了追赶时间而疲于奔命。

方法之一：今日事今日毕

"今日事今日毕"永远是一句真理。很多人可能在不经意间染上了拖拉的陋习，并且能找到各种冠冕堂皇的借口。为了避免拖拉成性，应当制定明确而务实的目标。

方法之二：拆分大目标为小目标

将长期的大目标拆解为短期的小目标再逐个击破，把心中的计划体现在纸上以示提醒，寻求亲朋好友的帮助共同完成任务，正视自己的错误和缺点并且抛弃完美主义，这些方法都可以帮你改掉拖拉的毛病。

方法之三：找到浪费时间的症结

意识到是什么拖了我们的后腿也很重要。要想节约时间，关键是找到浪费时间的症结。找到问题所在并且有意识地加以改正，一段时间之后你一定会发现：时间似乎变得充裕了！

方法之四：事件分类

将同类事情放在同一时间处理，做事之前先制订周详的计划，能立竿见影地帮你提高效率和节约时间。

方法之五：奖励自己

按时做完工作后给自己一个小奖励，能让我们以更加充沛的精力迎接下一个挑战。

保持张弛有度的工作节奏

2003年3月，在美国西雅图城郊，风景秀美的开比特尔山下，来了三位游玩的老人。

领头的一位年近七旬，名叫加尔文，他是大名鼎鼎的摩托罗拉公司的总裁，跟在他身后的分别是50岁的爱德华·赞德和51岁的约翰·格杰德。

三人边走边笑，其乐融融。只是，加尔文的心中另有打算。明年，他就要退休了，到底让谁来接替自己的位置呢？赞德还是约翰？

摩托罗拉公司是加尔文的祖父一手创立的，不找一个合适的人选，加尔文还真不放心。其实，赞德与约翰都是不错的人选，他们都知识渊博，富有管理才能和全球性眼光。但是最终选谁，加尔文还没拿定主意。

行到山道旁，加尔文突发奇想：你们俩来场比赛吧，看谁先登上山顶。

赞德与约翰对望一眼，都笑了。比就比吧，谁怕谁啊！也许总裁是想借此考察我们的体质呢。也对，管理这么大的一个全球性公司，没个强健的体魄怎么行呢？

春光明媚，山鸟啾啾，在露水清清的山道上，约翰与赞德奋力攀登起来。看着两人的背影，加尔文一脸欣慰地笑了。他静静地抽了一根雪茄，然后坐上了通向山顶的缆车。

加尔文在山顶静静地等了一个小时后，约翰一脸汗水地奔了上来。加尔文很满意地笑了："你一向效率高！"加尔文递给约翰一根粗大的雪茄，两人立在那里闲聊，不时发出愉悦的笑声。

十多分钟过去了，两人看了看山道，连赞德的影子都看不到。

无意中，加尔文看到约翰挂在胸前的数码相机，他拿过约翰的相机，想看看照片以打发这无聊的等待。可是打开一看，里面空空如也。面对满山秀美的风景，约翰居然没拍下一张照片。加尔文耸了耸肩，把相机还给了约翰。

又过了十多分钟，赞德才姗姗来迟。"我来迟了，董事长。"赞德爽朗地笑着。

加尔文点头微笑，他饶有兴趣地取过赞德胸前的数码相机打开，里面静静地躺着十来张照片，全是这座山上的名胜。那拍摄的角度、光与影的配合还真不错。

看着看着，加尔文忽然心有所悟，一展眉头笑了："你懂得欣赏。"

一年后，加尔文退休了，他任命爱德华·赞德为摩托罗拉公司全球 CEO。

事后，加尔文这样说："我本想借登山考察一下他们俩的体质，可是当我看了他们的数码相机之后，我有了新的发现：约翰是一个过于执着的人，他的眼里只有目标。这样的人虽然办起事来雷厉风行，却容易贪功冒进，给公司带来风险。而赞德，却是一个懂得欣赏、张弛有度的人，把祖父留下的产业交给他打理，我放心。因为，摩托罗拉公司现在需要的只是稳步发展，而无须迅速扩张。"

人不能一直处于高强度、快节奏的生活中，要擅于调节自己的情绪，缓解压力，使生活能够劳逸结合、张弛有度。只要我们学会了情绪调节的"太极"，再怎么来势汹汹的压力，也能"兵来将挡"，将其化解。

工作狂，其实是一种"病"

人们总是赞赏蜜蜂的勤劳，但我们又不得不承认，蜜蜂的种种极端习性，实在是生命的一大悲哀。

蜜蜂积累财富无止无休，它们恨不能把天下的蜜、粉都采集到巢中，所以，只要外界还有蜜有粉，它们就不会休息。

蜜蜂不懂得适时的机变和改向。有生物学家做过试验，将数量相等的蜜蜂和苍蝇放进一只透明的玻璃瓶，然后将玻璃瓶底对着光源，将瓶身与瓶口置于黑暗之中。结果，瓶中的蜜蜂都朝着光源挣扎而死，而苍蝇却都从背着光源的瓶口飞走了。

纵观四周，一些现代人也在重演蜜蜂的悲剧，为了追逐更大的名利，为了获取更多的钱财，一往无前毫不停留，就连吃饭也是不知其味地匆匆填饱肚子。结果却是心累体衰，没有时间充分品味生活的美好与芬芳，最终留下生命的遗憾……

朝九晚五成了朝九晚"无"，华灯初上，别人下班了，"工作狂"的工作日是不是才过去了一半呢？

近年来，一些上班族出现焦虑、失眠、记忆力衰退等症状，他们虽然拿着较为丰厚的报酬，但却因"加班"付出了大量的时间和精力，身体健康被严重透支。

调查发现，部分上班族面对企业的晋升和淘汰机制，他们常常"自愿加班"。他们之所以"自愿加班"，主要是出于"三怕"：

一是怕丢了来之不易的饭碗。即将投身某会计师事务所工作的小欣说："找到这份让许多人艳羡的工作，我已经拼掉了半条命，工作后如果连加班都不乐意，被淘汰了怎么办？"张某是一家房地产代理公司的置业顾问，公司实施末位淘汰制，为了不被淘汰，他已经很久没过双休日了。

二是怕在与同事的竞争中处于下风。在"自愿加班"的员工中，有近半数是出于竞争而主动"加班"，或是想通过加班博得老板的赏识。在一家贸易公司上班的刘小姐说，自己下班后经常得陪客户参观工厂，否则到手的业务就可能被别人抢走。在长乐路某知名咨询公司上班的施先生说："其实谁也不想主动加班，但在老板面前表现一下，也许能得到更多的机会。"

三是怕影响自己的事业发展。一家跨国公司的销售经理毛先生说，他所在的公司，个个都是"精英"，一个比一个优秀，要想不落后，必须把加班当作工作的一部分，"习惯了就好"。在上海工作的秦小姐对此完全认同，"想要升迁，怎么能不加班呢？"

跳槽也不一定就是解脱

有一些员工，特别是刚刚工作不久的员工，往往抱着"下一份工作会更好"的心态，一旦遭遇挫折，就认为自己怀才不遇，很容易产生另谋高就的想法，于是，他们视跳槽为最好的解脱办法。但是，新公司、新工作还是会有许多让他们感觉不满的地方，最让他们感觉失望的是，老板和上司并没有把他们当成重要的人才来对待。当在新公司遇到挫折后，跳槽的念头便又重新浮现出来。

这种频繁跳槽现象的产生，主要有以下几个原因：

（1）意气用事，感情冲动。错误地估计了就业形势和就业环境现状，在未弄清楚自己适合干什么工作之前就一走了之。

（2）急于求成，见异思迁。总认为"新"的要比"旧"的好。

（3）斤斤计较，金钱至上。心里想的、口中说的都是金钱和待遇，总是就此与老板讨价还价。

（4）难拒引诱，不顾道德。有的员工受到利益的引诱，或为了"报复"原单位对自己的轻视，试图带走原单位的商业秘密，以为如此可以得到更多的金钱利益。

事实上，很多老员工都知道，无论出于何种原因，跳槽都不是一个解决问题的好办法，只是万不得已之时才会做出的举动。然而，如今越来越多的年轻人把这个不应该轻易使用的方法随随便便就拿出来用了。

出走并不能解决问题，很多问题需要沟通，需要协商解决，关键是员工必须主动。员工必须把自己的想法及时告诉上司，以免因沟通不畅而造成误解。如果我们工作兢兢业业，甚至重付出、轻回报，那么不用我们说，老板也会给我们提高待遇，给我们相应的回报。

"选择你所爱的，爱你所选择的"应是我们工作的原则。既然选择了一家公司，我们就应该为做好工作而努力，而不能总计较自己的付出是否与收入对等。要知道，被员工认为是最差劲的公司也有很多有利于员工成长的东西，而大家公认为最好的公司或最成功的企业也有其不足之处。世界上没有完美的企业，只有不断追求完美的企业。

跳槽到一个新环境，我们需要付出得更多。离开一个熟悉的环境，融入新环境是需要付出很多心血和时间的。有一句谚语说得好："常挪的树长不大。"而"下一份工作会更好"在很多情况下只是美好的愿望而已。

频繁地跳槽直接受到损害的是公司和老板，但从更深层次来看，对员工伤害更深。因为跳槽者个人资源的积累和自身能力的培养都必然大打折扣。

从职业角度看，一个人一生中难免要调换几份工作，但做出转换前，必须考虑到这种转换是否是在整个人生规划的范围内做出的调整，而不是盲目的跳槽。可能新工作会使工资待遇有所提升，但若跳槽的出发点不是"为了个人能力和价值的提高"，而只是为了多一些金钱上的收入，那便得不偿失了。当感到自己怀才不遇时，正确的态度是：立足于现实，调整好心态，将现有的工作做得更好，甚至最好。

更重要的是，一个频繁跳槽的人在经历了多次跳槽后，会不自觉地养成一个习惯：当工作不顺时想跳槽，人际关系紧张时想跳槽，想多挣几个钱时想跳槽，甚至没有任何理由也想跳槽，似乎一切问题都可以用跳槽来解决。这些人却不想一想，如果换工作可以解决问题，为什么换了那么多还不行呢？这种做法其实是缺乏克服困难的勇气和决心，是在逃避。

在遇到障碍时，我们首先应该想到的是耐心地找出问题并解决它，而不是通过跳槽来逃避。

不求功成名就，只要能照亮某个角落就够了

视名利淡如水，看事业重如山，真正体现人生价值的，不是一个人名利的多少，而是看你做了什么，做成了什么，你是否拥有足够的自信与坦诚。

虽然世人都知道名利只是身外之物，但是很少有人能够躲过名利的陷阱。很多人一生都在为名利所劳累，甚至为名利而生存。一个人如果不能淡泊名利，就无法保持心灵的纯真，终生犹如夸父追日般看着光芒四射的朝阳，却永远追寻不到，到头来只能得到疲累与无尽的挫折。其实静心观察这个世界，即使不去刻意追赶，阳光也仍旧照耀在我们身上。

世界著名的大科学家爱因斯坦和居里夫人，对大多数人所汲汲追求的名声、富贵、奢华都看得非常轻淡，也因此留下了无数的佳话。尽管是国际知名的大科学家，爱因斯坦却说，除了科学之外，没有哪一件事物可以使他过分喜爱，而且他也不过分讨厌哪一件事物。据说在一次旅行中，某艘船的船长为了优待爱因斯坦，特意让出全船最精美的房间等候他，爱因斯坦竟然严词拒绝了。他表示自己与他人并无差异，所以不愿意接受这种特别优待。爱因斯坦这种虚怀若谷、坦然率真的人品，也成为许多人诚心敬佩的对象。

居里夫妇在发现镭之后，世界各地纷纷来信希望了解提炼的方法。居里先生平静地说："我们必须在两种决定中选择一种。一种是毫无保留地说明我们的研究成果，包括提炼方法在内。"居里夫人做了一个赞成的手势说："是，当然如此。"居里先生继续说："第二个选择是我们以镭的所有者和发明者自居，但是我们必须先取得提炼铀沥青矿技术的专利执照，并且确定我们在世界各地造镭业上应有的权利。"取得专利代表着他们能因此获得巨额的金钱、舒适的生活，还可以留给子女一大笔遗产。但是居里夫人听后却坚定地说："我们不能这么做，如果这样做，就违背了我们原来从事科学研究的初衷。"她轻易地放弃了这唾手可得的名利，如此淡泊名利的人生态度，使人们都能感受到她不平凡的气度。她一生获得各种奖章16枚，各种荣誉头衔117个，自己却丝毫不以为意。有一天，她的一位女性朋友来她家做客，忽然看见她的小女儿正在玩弄英国皇家学会刚刚颁发给她的一枚金质奖章，不禁大吃一惊，连忙问她："居里夫人，那枚奖章是你极高的荣誉，你怎么能拿给孩子去玩呢？"居里夫人笑了笑说："我是想让孩子从小就知道，荣誉就像玩具一样，只能玩玩而已，绝不能永远守着它，否则就将一事无成。"

第三章

静下来规划,
行动才会快起来

拉开人生差距的不是努力，是顶层设计

只有找准自己在社会上的角色与定位，就可以不必在乎别人的眼光，安心过自己的生活。只要勤勉地工作，老老实实做人，就不必担心未来。

做人要踏踏实实，以诚相待，纵使凭借巧舌如簧偶然占得上风，终究还是理亏。做事情也是一样，要讲究公平心，要对得起良心。人们总是要求别人很多，却要求自己很少，如鸠占鹊巢，以为自己是胜利者，然而短暂的胜利所带来的快感，很快就会使矛盾升级。

有一个年轻人，一天在逛集市的时候，看见一位老人摆了个捞鱼的摊子。老人向有意捞鱼的人提供渔网，捞起来的鱼归捞鱼人所有。

这个年轻人一时善心大发，他想："我要把这些鱼都捞起来，全部放生。"

于是，年轻人蹲下去捞起鱼来，可是，他一连捞破了三张网，连一条小鱼也没捞到。

年轻人见老人眯着眼看自己的狼狈相，似乎还在暗自窃笑，

便不耐烦地说:"老大爷,您这网做得太薄了,几乎一碰到水就破了,那些鱼又怎么能捞得起来呢?"

老人回答说:"年轻人,看你也是个明白人,怎么也不懂呢?"

老人接着意味深长地说:"当你心生意念想捞起你想要的那么多鱼时,你考虑过你手中的渔网是否真的能够承受吗?追求不是件坏事,但是要完全了解你自己呀!"

年轻人不服气地说道:"可是我还是觉得你的网太薄,根本捞不起鱼。"

"年轻人,你还不懂得捞鱼的哲学吧!我看到你好几次都捞到了鱼,但每次都因为你捞得太多,以致网破鱼漏!这就如我们所追求的事业、爱情、金钱一样的。当你沉迷于眼前的目标时,你衡量过自己的实力吗?"老人说。

年轻人思考着,似乎明白了什么。

拥有远大的理想不是坏事,但若超出了自身的实际能力,就未免不切实际了。合理定位,适时把握,才能稳妥地达到目标。如果不考虑自己的能力,而一味追求远大目标,只能是一事无成,空费精力。

作家素黑在《一个人不要怕》中说:"人生一场戏,试想想,当生命是一场戏,你将不再执着特定的角色。人生也是一场游戏,应该怀着喜悦的心情到此一游。无须执着,随缘自乐。生命其实很简单,无须把它想得太复杂。人生没有什么秘密,只要保持澄明的心态,保持觉知,强壮能量,一切可以比想象和要求的更好。"

人生如舞台，主角是自己，导演也是自己，如何演下去，只有依凭自己的信念。所以，在属于你的舞台上尽情表演吧，只有舞台落幕时，才是人生的终点。

思考生存状态是为了埋葬所有彷徨

你知道目前自己每天的生存状态吗？是浑浑噩噩的生活，还是永远乐观、积极向上？

无论处于世界何地，是富有还是贫穷，是健康还是病弱，生命都是独一无二的，你就是你，我就是我，他就是他。

千千万万个你我他，汇成了千千万万种生活。一个人从幼年走向少年，从少年步入青年，从青年跨入壮年，从壮年渐向暮年，没有哪个人的生活是一帆风顺、一成不变的，如果真是那样的话，生活将是多么枯燥和乏味。

人生旅途中，有康庄大道，也有崎岖小径，有阳光雨露，也有暴风骤雨，不管你愿意还是不愿意，都得面对它、亲历它。一路走来，或殚精竭虑，或信步闲庭，或山穷水尽，或柳暗花明，屈指数来，那只是生活中的一些表象。

生活包罗万象，有些时候，安宁中潜伏着危机；有些时候，动荡中蕴藏着机遇。唯有保持良好的心态，才能坦然面对所遭遇的一切，痛并快乐地一路走下去。

　　上帝为我们关上一扇门的同时，也忘不了给我们开一扇窗。门中览景和窗前远眺，角度不同，方位各异，自然就有了"窗含西岭千秋雪，门泊东吴万里船"的差别。谁又能说清楚是门前的景好，还是窗外的景优呢？

　　遗憾的是，我们却常常忽略了那扇窗。

　　天将降大任于斯人也，必先苦其心志，劳其筋骨，饿其体肤，空乏其身，行拂乱其所为，这是一种不能再坏的生活，却偏偏剑走偏锋，造就出千秋人物。

　　有几位在极端困苦的生存状况下没有被困难所压倒，仍能屡败屡战、执着追求、奋力拼搏的后来居上者，我们看他们的发展趋势，成就了一番事业可谓是当仁不让。可后来的事实是，他们随着生存环境的根本扭转，渐渐松懈、停滞不前了。

　　探其缘由，是他们生活稳定安逸后，就没有继续把握住稍纵即逝的机遇，慢慢从一个奋斗者变成了一个享受者。我们不能评判他们的得失，毕竟那也是一种生存状态。

　　其实，生活从来不是我们想象中的那样好，也不是我们想象中的那么坏，它有时像一团麻，总有那解不开的小疙瘩；有时像一条路，总有那走不完的坑坑洼洼；有时像一根藤，总开着一朵朵希望之花。尽管我们无法选择自己的出生，但面对未来，我们可以拿出自己的积极态度。冷静思考自己的生存状态，康庄大道就在前方等着我们。

绝不安于现状，把握自己向上的节奏

价值是一个变数。今天，你可能是一个价值很高的人，但如果你故步自封，满足现状，那么明天，你就会贬值，就会被一个又一个智者和勇敢者超越。今天，你可能做着看似卑微的工作，人们对你不屑一顾；而明天，你可能通过知识的不断丰富和能力的不断提高，以及修养的日益升华，让世人刮目相看。

李洋曾经在一家合资企业担任首席财务官。在成为首席财务官之前，他工作非常努力，并取得了出色的成绩。老板非常赏识他，第一年就把他提拔为财务部经理，第二年又提拔他为首席财务官。

当上首席财务官以后，拿着高薪，开着公司配备的专车，住着公司购买的豪宅，李洋的生活品质得到了很大的提升。然而，他的工作热情却一落千丈，他把更多的精力放在了享乐上面。

当朋友问他还有什么追求时，他说："我应该满足了，在这家公司里，我已经到达自己能够到达的顶点了。"李洋认为公司的 CEO 是董事长的侄子，自己做 CEO 是不可能的，能够做到首席财务官就到达顶点了。

他在首席财务官的位置上坐了差不多一年的时间，却没有干出值得一提的业绩。朋友善意地提醒他："应该上进一点儿了，没有业绩是危险的。"

没想到，李洋竟然说："我是公司的功臣，而且这家公司离不了我李洋，老板不会把我怎么样的！"他甚至在心里对自己说，"高薪永远属于我，车子永远属于我，房子永远属于我，没有人可以夺去，因为没有人可以替代我。"

的确，公司很多工作都离不开李洋。然而，他的糟糕表现，还是让老板动了换人的念头。终于，在一个清晨，李洋开着车，像往日一样来到公司，优越感十足地迈着方步踱进办公室里，然而，第一眼看到的却是一份辞退通知书。

他被辞退了，高薪没了，车子不得不还给公司。而且，他还从舒适的房子里搬了出来，不得不去租一间小得可怜、上厕所都不方便的小套间。

李洋以为自己不可替代，事实上，"沉舟侧畔千帆过，病树前头万木春"。就在他被辞退的当天，公司就又招聘了一位首席财务官。

"功臣"依然失业了。李洋不思进取而失去优越的"现状"，是不值得同情的。这个故事告诉我们，安于现状的人最终会被淘汰。无论是什么职位，如果你安于现状、不思进取的话，都逃脱不了职位被人抢走或者"铁饭碗、金饭碗"被打破的可能。

事实上，在很多企业里，"功臣"都因为安于现状而失败。这些"功臣"在失败到来时，常常埋怨老板"不念旧情、忘记过去"，却没有想过，自己虽然昨天是"功臣"，可今天已经成了浪费企业资源的罪人了。

要避免类似于李洋那样的遭遇，有两点是必须要记住的：

第一，努力奋斗，不断改变自己的"现状"。

第二，过去的成绩只能属于过去。不管你是如何功勋卓著，在你不能为企业创造新价值的时候，你就是一文不值的。老板不可能因为你昨天干得好，就把你一直养下去。

只有不断超越平庸，永远不安于现状，你才能在职场上永远处于不败之地。

不安于现状，是优秀经理人的基本素质，也是优秀员工的立身之本。任何企业所需要的，都是不断创新的人。而那种必须推着才肯前进的人，肯定会被社会所淘汰。

恰切评估自我，正确期望未来

纷繁世界、花花世界充斥着太多色彩、太多滋味，也许你挑得眼花缭乱，也许你旁边有人告诉你应该怎样做。然而，你是否问过自己的内心，我究竟需要什么？

一个年轻人曾经跟一位大厨学厨艺，大厨告诉他一个秘诀——好厨师一把盐。若是盐放得恰到好处，几乎无须太多的调料，就有好的味道。

看电视上播放的厨艺大赛，各路大厨神乎其技，作品争奇斗艳，五花八门。可是评判结果往往归结到一点，都是评委摇摇头说："太咸了！""太淡了！"

盐是最基本的调料，但往往被忽视。倘若在基本功放盐的这个环节上多下点功夫，是否会事半功倍？

人生中是否有某种物质像盐一样，以最基本的方式、最朴素的物质贯穿于生活，撇开似锦繁花，能够求得一份逍遥真味？

《三国》里的曹操，最初对于战胜强大的对手袁绍心里没底。

谋士郭嘉纵论兵事，提出"曹操十胜"。其一就是："绍繁礼多仪，公体任自然，此道胜也。"

意思是，袁绍喜欢繁文缛节，把人生搞得很肥胖，行动不便，不够灵活；而曹操简洁自然，没有很多负累。大道至简，简是制胜的法则。

战争的结果，正如郭嘉所言。其中有一个值得玩味的细节：在丢弃的官渡大营、袁绍的营帐里，竟然有许多字画、古玩、金石、玉器，袁绍一贯以风雅自诩，所以打仗时带着这些东西。

另外还有这样一个故事：英国有个74岁的老汉，做了大半辈子园丁。本以为应该清贫一生，孰料在晚年，一笔横财找到了他，他中了两千五百万英镑的彩票大奖。

关于钱的用途，他的回答很令人意外，他说："我要用部分奖金雇一位胡萝卜种植专家，跟他学习种胡萝卜。"

许多金钱与权势幻化的光环，让生活多了浮华和臃肿，少了真实和自由。然而，大潮退去，铅华洗尽，人们更愿意以一种裸露的方式，行进在天道的时空里，正如一棵树，繁花与碧叶随时皆可落尽，唯有枝干才能地久天长。

或许，在这位英国老汉的眼里，在自己家的园子里种胡萝卜，比当首相更快乐。

当你剔除了心中的各种物欲和焦虑时，你就生活在简单之中。诗人爱默生说过："没有一件事比简单更为伟大，事实上，简单就是快乐。"

简单的意义，不是幻想生活而是面对生活，祈求心灵的宁静。何须费心寻觅它呢？它不在千里之外的岛屿上，而是深存于你的心中。你期望在生命中得到什么？你愿意以烦琐打造生命中的虚假繁荣，还是愿意以简单求得内在的安宁，而使生活回归本来的意义？

记住梭罗的话："我们的生命不应虚掷于琐碎之事中，而应该尽量简单，尽量快乐。"

简单的需要、朴素的外衣犹如阳光空气，稀有可贵，滋养人的天性。人生不需要太多的行李，也无须过分装饰。

事实上，我们真正需要的正是这些简单的东西，例如，阳光、空气、健康和优质的睡眠，这些基本元素正如恰到好处的盐，能调出生活真正的味道。

退一步,绕一圈,成功路上天地宽

生活中,出现问题、失误并不可怕,重要的是你如何面对它。当你犯了小错,别认为这是致命的,因为这个小错不会击败你。但如果你认为这是成功的一种预示,那你就已经按响了成功的门铃,再推一把,就跨进了成功的门槛。

每个人必须具备的心态和品质就是屡败屡战。哪怕被数次的失败打消了积极性,只要不放弃,每一次挫折之后都能坚强地站起来,勇敢地为成功拼搏,就一定能走向成功。

1958年,富兰克·卡纳利为了筹集他的大学学费,开了一家比萨饼店。让这个小伙子没有想到的是,这个比萨饼店不仅为自己挣足了学费,还成就了自己日后的事业。

就在比萨饼店的生意越来越红火的时候,卡纳利准备在俄克拉荷马开设分店,但这次尝试失败了。之后他又将比萨饼店开在纽约,但销售业绩让人心灰意冷。

这次失败没有让他失去信心,他从失败中分析了原因,知道了店面装潢要因地制宜,比萨风味不只有地方风味几种,在调查了解不同的装潢风格和品尝不同的比萨口味之后,卡纳利获得了事业的又一次腾飞。

失误让他明白了成功的方向,最终,卡纳利的比萨饼店成为全球知名的比萨连锁店——"必胜客"。卡纳利说他的成功是经过一次次失败之后积累起来的，因为这些失败让他从失误中学到了宝贵的经验。

卡纳利还想给那些想创业的人们这样的忠告："你必须学习失败。我做过的行业不下 50 种，而这中间大约有 15 种做得还算不错，那表示我大约有 30% 的成功率。可是你总是要出击，而且在你失败之后更要出击。你根本不能确定什么时候会成功，所以必须先学会失败。成长是一个"错了再试"的过程，失败的教训和成功的经验一样可贵。

成功者之所以成功，就在于会把失败当作垫脚石，所以他们不会永远停留在失败上。开普勒偶然间发现行星间的引力现象，也是由于从多次失败的观察中受到启示，进而提出了正确的假设。

当事业或者生活上出现差错、遭受某些挫折、造成了某种损失后，不要认为自己永远不会成功，只要吸取教训，总结经验，变被动为主动，就能最终获得成功。

每个人都不会永远停留在失败的道路上，"麦当劳"创始人克罗克 52 岁那年创业，之后也经历过多次失败。他说："当错误发生时，令人莫名痛苦；但逐年累月之后，这些错误被我们称之为经验。"所以说，世界上没有失败，只有经验。敢于正视失败的人才会自觉总结经验，因为他们知道，只要自己不懈努力，就算下一次还会失败，也不必计较，总有一天成功会敲响自己的门。

现在的规划，决定你未来生活的样子

从某种意义上说，每个人都有自己的目标，只不过目标的层次、规模、时间、性质、内容等有所不同罢了。

短的、小的目标，我们叫作打算、想法；中的目标，我们叫任务、计划；远的、大的目标，就是事业了。

大到"为真理作证"，救黎民于水火，小到仅为了一顿饭，为了一杯水，都是目标。

除非死了，活着本身就是一个目标。正像人们常说的"有生命的地方就有希望，有希望的地方就有梦想，有梦想的地方就有目标"。

抽象一点说，目标就是事物在时空中的某种方向或趋势；通俗一点说，目标就是你欲望的具体化，你的欲求。

"二战"期间，从奥斯威辛集中营活下来的人不到5%。根据有过亲身经历的犹太人心理学家弗兰克的研究，大多数的幸存者，都是深知生命的积极意义的人。他们顽强地活下来的主要原因是：他们心里都有一个明确的目标——"要做的事情还没有做完""活着与爱的人重逢"。

弗兰克的一个牢友在那个与死神相伴的环境里，曾经绝望地对他说："我对人生没什么期待了。"

"不是你向人生期待什么。"弗兰克说,"而是生命期待着你!什么是生命?它对每个人来说,是一种追求,是对自己的贡献。"

他通过不断地重复生命的意义,使那位牢友抛开了悲观思想,重新燃起了生存下来的希望。

目标是积极心态的标志。心态积极,必定是因为有了目标,而目标又让心态更加积极。没有脱离远大人生目标的积极心态,也没有消极心态产生的远大人生目标。

"天下攘攘,皆为利往",此处所说的利益是广义的,并非仅仅指"功、名、利、禄",还有健康、尊严等。利益会引发欲望,欲望继而成为一种需要确定的目标。

人只要活在这个世界上,每天都会有各种各样的欲求,需要、事业、计划、志向、梦想、愿望、选择、打算、目的、企图、追求、任务、工作、责任、满足等想法,我们都可以把它们叫作"目标"。

掌握你的生命,高悬某种理想或希望,全力以赴。伟大的人生从憧憬开始,如果一个人一心想发财,他可能会遭受无情痛击;如果他一心想享乐,他可能会自讨苦吃。但如果他想有所建树,他就可以利用人生的一切机遇。所以,我们应该朝着自己的计划和目标奋进,成就自己的人生。

规划的能力对任何人而言都非常重要,因为只有进行合理规划,才能让梦想起航。如果你任由自己盲目地向前闯,而不考虑对人生进行预算和统筹,那么,你的梦想之舟永远只能在浩瀚的人生中搁浅。

在照料皮囊的同时,不停止思考和工作

有三只毛毛虫在河边的草丛里商量事情。它们从遥远的地方爬来,为的是河对岸那片著名的花园。那里的花千姿百态,因此花蜜种类奇多,各有风味,它们也想去饱尝一番。

一个说:"我们必须先找到桥,然后从桥上爬过去。只有这样,我们才能抢在别人的前头,占领含蜜最多的花朵。"

一个说:"在这荒郊野外,哪里有桥?我们还是各造一条船,从水上漂过去。只有这样,我们才能尽快到达对岸,喝到更多的蜜。"

一个却说:"我们走了那么多的路,已经疲惫不堪了,现在应该静下来休息两天。"

另外两个很诧异:"休息?简直是笑话!没看见对岸花丛中的蜜都快被人喝光了吗?我们一路风风火火,马不停蹄,难道是来这儿睡觉的?"

话未说完,一个已开始爬树,它准备折一片树叶,作为船,让它把自己带过河去。另一个则爬上河堤的一条小路,它要去寻找一座过河的桥。

剩下的一只躺在树荫下没有动。它想,喝蜜当然舒服,但这儿的习习凉风也该享受一番。于是就爬上最高的一棵树,找了片

叶子躺下来。

河里的流水声如音乐一般动听，树叶在微风的吹拂下如同婴儿的摇篮，很快它就睡着了。不知过了多少时间，也不知自己在睡梦中到底做了些什么，总之一觉醒来，它发现自己变成了一只美丽的蝴蝶。

翅膀是那样美丽，那样轻盈，仅扇动了几下，就飞过了河。

此时，这儿的花开得正艳，每个花苞里都是香甜的蜜，它在花里面自由自在地飞翔品尝。它很想找到原来的两个伙伴，可是飞遍所有的花丛都没有找到，因为它的伙伴一个累死在了路上，另一个被河水送进了大海。

在精神生活中善待自己，最重要的是要学会安慰自己。一定要相信，事情并没有想象得那么糟糕。善待自己，就是要使自己满足，要使自己愉快，关键还是要有一个正常的心态。有的时候期望越高，失望就越大，顺其自然最好。

物质生活条件不好，有时候无能为力，没有办法改变，但是如果精神总不愉快，那可就怨不着天和地，也怨不着别人了，都是自己和自己过不去，这样的生活是没有什么乐趣可言的。

人生难得偷来半日闲，在周日的午后小憩一会儿，醒来后你的心情会像午后的阳光那样灿烂。在轻松的环境下，每个人的才干才能很容易地显现出来。在繁忙之余，尝试享受大自然的凉风，欣赏美丽的风景，再投入到刚才所做的事情，说不定会有意想不到的效果。用一种平和的心态对待人生吧，不要让自己活得太累，生活是用来享受的。

像记住初恋一样记住自己的事业梦想

每个人的出生背景不同,天赋条件各有差异,但机会均等,人人都有成大器的可能。

这个道理好比狮子追赶猎物,狮子会盯紧前面的目标穷追不舍,即使身边出现有其他猎物,距离前面的猎物更近,它也不会改换目标。这是为什么呢?狮子追赶猎物,不仅是速度的较量,也是体能的较量。只要盯紧前面的目标,当猎物跑累了,十有八九会成为狮子的美餐。如果狮子改换目标,新猎物体能充沛,跑得会更快、更持久,捕捉到的可能性更小。如果狮子不断更换目标,累死了也不会有收获。

禅宗慧远大师悟道,就是一个目标专一的例子。

慧远年轻时喜欢四处云游。有一次,他遇到一位嗜烟的行人,两人结伴走了很长一段山路后,坐在河边休息。那位行人给慧远敬烟,慧远高兴地接受了。由于谈得投机,那人又送给他一根烟管和一些烟草。

两人分手后,慧远心想:这个东西实在令人舒畅,肯定会打扰我禅修,时间长了一定陋习难改,还是趁早戒掉吧!于是,他把烟管和烟草都扔掉了。

过了几年,慧远迷上了《易经》,每日钻研,乐此不疲。冬日的一天,慧远写信给自己的老师索要寒衣。没想到,信寄出去很长时间,老师还没有寄衣服来。慧远用《易经》所教的方法卜了一卦,算出那封信没有寄到。他想:"《易经》固然奇妙,如果我沉迷此道,怎么能全心全意参禅呢?"从此,他再也不学《易经》了。

再后来,慧远又迷上了书法,进步甚快,受到行家好评。慧远又想:"我的目标不是成为书法家,何必潜心于书法?"自此,他又放弃了书法。

最后,慧远摆脱了一切爱好的诱惑,一心参悟,终成一代大师。

心灵若是能够专注一心而不散乱,就如同锻炼心灵的肌肉,让心灵充满了力量。人生的意义是极为深广、非常人所能及的,因此也只有极为深广、非常人能及的心灵,才能如实了解自己的价值。

身体的力量,使它有能力完成我们交付给身体的任务;心灵的力量,也同样能够完成我们交付给它的任务。充满着力量的心灵,是不会受到无趣、挫折、失望和不悦的影响,因为心灵已经有能力排除这些负面情绪。

大器,并不独指世俗意义上的"成功",而是了悟人生真谛,让自我的价值充分地实现,从而从这种付出中获得心灵的安宁与充实,要成"大器"必须先从专一开始,把心训练至柔软、平顺、专一。这就如同一位牧民要训练自己的马匹一样，健壮的马匹未经训练，它是不能从事工作的。经过良好训练的马，才能够独自从很远的地方回到家里，能够干很多专业的工作。静心也是一样，让奔流不已、纷纭万变的心先专一在一个目标上，使它逐渐安定下来，这样的心才会一步一个脚印地带领你朝目标走去。

专注，做到勤奋的样子很容易

"什么是专注"或者"专注是一种什么感受"这个问题想要精确描述不容易，专注的对象以及专注本身相对于这个主体来说都是一些相对的存在，时间过去，一切转移而无痕迹。相对地，当人真的处于专注状态时，是不知道自己正在专注的，一旦知道了自己"专注"，其实就已经不专注了。

相传，一位得道高僧来到一座无名荒山，山间茅屋中闪烁金光，高僧料定此间必有高人，遂前往一探究竟。

原来，茅屋中有一位老人，正在虔诚礼佛，老人目不识丁，从未研读佛经，只是专注地念着。高僧深为老人的修为所动，只是他发现老人将"六字真言"中的两个字念错了，于是便教给了老人正确的读法，然后就离开了。他想老人日后的修为定能更上一层楼。

然而，一年后，高僧再次来到山中，发现老人仍在屋中念咒，但金光已不再。他疑惑万分，在与老人攀谈后才得知：老人以往念咒专心致志、心无旁骛，而得高僧指点后，总是过于关注其中两字的读法，不由心绪烦乱。

所谓"禅"，代表一种心灵的专注，一种生命的觉醒。所谓专注，就是注意力全部集中到某一事物上，不被其他所吸引，不会萦绕于焦虑之中。

只有当你把思想聚集起来，而不是在四五种念头间飘来荡去时，专注才会发挥出更大的作用。你可以把这一切描绘成一个三角形：三角形最宽的底边代表了你所学会的各种技能和手段。思维则会对这些技能和手段进行综合，将其变得更为紧凑。当你向三角形的上部移动时，你会对各种情况不断综合，最终，你将把所有这些技能和手段整合为一整套完善的技艺。这时，你已经来到了三角形的顶点，而这些技艺也变成了习惯，你只需顺其自然便可做好每件事。此后，你在做事情时，只需要考虑一两件较为特殊的问题，而不是如早些时候那样需要前前后后通盘考虑各种细节。譬如，高尔夫球手想要做好挥杆动作，他就必须注意身体的许多细节，使身体处于一个特定的状态——包括头、手、腿和上体。如果他消化了这些动作，他就能把身体的各部位联结成一个整体，最终，如果他到达了"三角形"的顶端，那么他就可以不用考虑身体的各个细节，只需要顺其自然便能做好挥杆动作。这就是所说的水到渠成。

当你全心全意地投入工作时，你的效率就会节节攀升。如果你在工作、学习、休息时都不能集中注意力，那么无论你做什么事情，都很难取得良好的效果，也就无法从中获得丝毫的满足感和快乐。

专注才能成功。一个人的职业生涯和精力都非常有限，知道如何利用这有限的精力，在有限的时间里做尽可能多的事，自然会脱颖而出。美国政治家亨利·克莱曾说："遇到重要的事情，我不知道别人会有什么反应，但我每次都会全身心地投入其中，根本不会去注意身外的世界。那一刻，时间、环境、周围的人，我都感觉不到他们的存在。"

世上无难事，只怕有心人，成功的秘诀在于专注，也是成功者最可贵的品质。"欲多则心散，心散则志衰，志衰则思不达也"，唯有志存高远，学会经营自己的强项，才能坚定信念和追求，做到专注和成功。

行动，让一切美好如约而至

丹·禾平大学毕业的时候，恰逢经济大萧条，失业率很高，所以工作很难找。试过了投资银行业和影视行业之后，他找到了开展未来事业的一线希望——去卖电子助听器，赚取佣金。谁都可以做那种工作，丹·禾平也明白，但对他来说，这个工作为他敲开了机会的大门，他决定努力去做。

在近两年的时间里，他不停地做着一份自己并不喜欢的工作，如果他安于现状，就再也不会有出头之日。但是，他先瞄准了业务经理助理一职，并且取得了该职位。往上升了这一步，便足以使他鹤立鸡群，看得见更好的机会，这是一个崭新的开始。

丹·禾平在助听器销售方面渐渐卓有建树，以致公司生意上的对手——电话侦听器产品公司的董事长安德鲁想知道丹·禾平是凭什么本领抢走自己公司的大笔生意的。他派人去找丹·禾平面谈。面谈结束后，丹·禾平成了对手公司助听器部门的新经理。然后，安德鲁为了试试他的胆量，把他派到了人生地不熟的佛罗里达州，以考验他的市场开拓能力。结果他没有沉下去！洛奈德"全世界都爱赢家，没有人可怜输家"的精神驱使他拼命工作，结果他被选中做公司的副总裁。一般人要是在10年誓死效忠地打拼之后能获得这个职位，就已被视为无上荣耀，但丹·禾平却在6个月不到的时间里如愿以偿。

就这样，丹·禾平凭着强烈的进取心，在短期内取得了优秀的成绩，登上了令人羡慕的位置。

"一生之计在于勤"，是说人生每日都应当积极做事，不断地有所行动。而进取精神则是讲为人在世，应当不断地发展自己、不断地丰富自己。在眼界上，努力求取新的知识，思考新的问题；在事业上，努力争取年年有所变化。用现在的说法是：不断地否定自己，不断地超越自己，不断地给自己树立新的目标。

主动进取是一种对人生的热爱、对生活的激情，而其基点就在于对人生价值的理解。如果一个人对生活的热爱、激情缺乏价值的支持，那就有可能是弄虚作假的矫情，它就不可能持久，不可能永远充满生机。

主动进取是一种永不停顿的满足。其实，在中华民族几千年发展的历史中，到处可以看到中国人的那种积极进取的精神。中国有许多优美的、动人的传说，如"夸父逐日""精卫填海""大禹治水"，所反映的就是一种可贵的自强不息的精神。

主动进取是一种创造。拥有主动进取心的人不会轻易接受命运的安排，他们不沉迷于过去，不满足于现在。他们着眼于未来，勇敢地走前人未走过的路，大无畏地开创一个美好的境界，以一种"想人之所未想，见人之所未见，做人之所未做"的姿态出现在世人面前。

主动进取是一种搏击。主动进取的人能承受住各种挫折和困难的考验，不灰心，不动摇，迎着困难上，并笑对困难。"霜冻知柳脆，雪寒觉松贞"，中庸、调和不是他们的人生信条。这类人自信，不会轻易放弃自己的抱负，不会轻易承认自己的失败。这类人没有悲观，没有绝望，他们坚强、勤奋、无畏，勇敢地与命运抗争。

主动进取是自我的完善。积极进取的人永远是自己选择命运，根据自己的水平、能力去与命运挑战，而不是让命运来选择自己，所以他们的自我发展是健康的、完善的、美好的。

对主动者来说，主动永无止境！

具有主动性的人，在各行各业中都会是出类拔萃的人才。主动是行动的一种特殊形式，不用别人告诉你做什么，你就已经开始做了。

因此，想要培养积极进取心的人首先要做到以下两点。

1. 要做一个主动创新的人

当你认为有某一件事情应该要做的时候，就主动去做。你想让孩子们的学校有更好的设施吗？那就主动找人商量或集资去购置这些设施。你认为你的公司应该创立一个新部门，开发一项新产品吗？那就主动提出来。

主动进取的人也许一开始要独立创业，但如果你的想法是积极可取的，不久，你就会有志同道合的合伙人。

2. 要有出类拔萃的愿望

请观察你身边的成功者，他们是积极分子还是消极分子？无疑，他们10个中有9个都是积极分子、实干家。那些袖手旁观、消极、被动的人带不了头，而那些实干家们强调的是行动，所以他们会有许多自愿的追随者。

从来没有人因为只说不做、等到别人告诉自己该做什么的时候才去做而受到赞赏和表扬的。我们都相信干实事的人，因为他们知道自己在做什么。

拿破仑·希尔认为："行动并不表示不讲效率，效率就是第一次把事情做对。"

千万不要粗制滥造,那样的行动会令你更慢。我们每天都要想:如何增加效率?如何改善流程?如何让我们的产品或服务更好?如何能够满足更多顾客的需求?这是每一个成功人士每天都会思考的问题。

然而,很少有人能够有系统地思考如何提升做事的效率。效率的改变,来自观察问题的真正根源所在;效率的改变,来自分析事情的优先顺序;效率的改变,来自自觉。

一位心理学家说:"自觉是治疗的开始。"这句话讲得非常有道理。

你要学会高效率的行动、学习和工作,懂得利用时间、善用资源,必须以最短的时间和最少的资源产生最大的效益,这样才能确保成功。

记住!在每天行动前必须思考自己做事的效率和做事的品质,这些是成功不可或缺的。那么,在具体实践中该如何提高行动效率呢?我们可以从以下几个方面入手。

1. 确定最重要的事

确定了事情的重要性之后,不等于事情会自动办好。你或许要花大力气才能把这些重要的事情做好。而要确定最重要的事,你肯定要费很大的劲。商业及计算机巨子罗斯·佩罗说:"凡是优秀的、值得称道的东西,每时每刻都处在刀刃上,要不断努力才能保持刀刃的锋利。"下面是有助于你做到这一点的3步计划。

（1）从目标、需要、回报和满足感四方面对将要做的事情做一个评估。

（2）删掉不必要做的事，把要做但不一定要你做的事委托别人去做。

（3）记下你为达到目标必须做的事，包括完成任务需要多长时间、谁可以帮助你完成任务等。

2. 分清事情的主次关系

在确定每一年或每一天该做什么之前，你必须对自己应该如何利用时间有更全面的看法。要做到这一点，有4个问题你要问自己。

（1）我要成为什么？只有明白自己将来要干什么，我们才能持之以恒地朝这个目标不断努力，把一切和目标无关的事情统统抛弃。

（2）哪些是我非做不可的？我需要做什么？要分清缓急，还应弄清自己需要做什么。总会有些任务是你非做不可的，但重要的是，你必须分清某个任务是否一定要做，或是否一定要由你去做。

（3）什么是我最擅长做的？人们应该把时间和精力集中在自己最擅长的事情上，即会比别人干得出色的事情上。关于这一点，我们可以遵循80：20法则：人们应该用80%的时间做最擅长的事情，而用20%的时间做其他事情，这样使用时间是最具有战略眼光的。

（4）什么是我最有兴趣做的？无论你地位如何，你总需要把部分时间用于能带给你快乐和满足感的事情上。这样你才会始终保持生活的热情，因为你的生活是有趣的。有些人认为，能带来最高回报的事情就一定能给自己最大的满足感。其实不然，这里面还有一个兴趣问题，只有做感兴趣的事才能带给你快乐，给你最大的满足感。

一个人之所以成功，不是上天赐予的，而是日积月累自我塑造的，所以千万不能存有侥幸的心理。幸运、成功永远只会属于辛劳的人，属于有恒心、不轻言放弃的人，属于能坚持到底的人。

提高行动力，成功最好的仪式

1951年夏天，凯蒙斯·威尔逊驾驶一辆大汽车，带着全家老小开往华盛顿特区旅游观光。一路上，美丽的风光使他心旷神怡，可住宿的遭遇却让他十分恼火：客房既小又脏，水暖设备差，洗澡不方便，很少见汽车旅馆有餐厅，即使有的话，所供应的食物也很差，收费也不低，一家人合住一间客房，每个孩子还要再加收房钱。

"孩子睡在地板上还要加钱，太不应该了。"凯蒙斯对妻子抱怨道："设施齐全、服务周到的汽车旅馆居然一家都没有！"

"都是这样的,在外就将就些吧。"妻子劝慰说。

那一刻,凯蒙斯眼前一亮,汽车旅馆普遍差,这不是蕴含着巨大的商机吗?如果我建造一些宾馆式的汽车旅馆,不就能赚大钱吗?

他兴奋地对太太说:"我打算建造许多新型的汽车旅馆,和父母同住客房的儿童,也绝不另外收取费用。我要做到让人们一看到旅馆的招牌,就像到了自己的家。出外度假所宿旅馆必须舒适和方便,这正是现在汽车旅馆所缺少的。我想,我是极其平常的人,我喜欢的东西,别人也会喜欢。"

1952年8月1日,他的第一家假日酒店正式开张营业。

旅馆位于孟菲斯市萨默大街上,是汽车从东进入孟菲斯的主要通道,也是往来美国东西部的一条重要机动车道路。

在路的旁边,一块18米高的黄绿两色"假日酒店"的大招牌特别引人注目。到了晚上,招牌上的霓虹灯闪闪发光,更是醒目。汽车无论行驶在高速公路上的哪个方向,都能远远地一眼望到假日酒店的招牌。凯蒙斯花费1.3万美元做了这块招牌,这块招牌让无论是成人还是小孩子都会联想到这是一个有趣的地方。

走进酒店,你会发现服务设施特别周全:走廊上备有软饮料和制冰机,旅客可以免费取用;客房里的空调让人感到十分凉爽;游泳池里清波荡漾;走几步就是餐厅,可供全家用餐,餐桌上还有特地为儿童设计的菜单;你住进酒店,工作人员会叫得出你的名字,这让你倍感亲切,他们见了你就微笑——这是凯蒙斯要求他们这样做的。他说:"世界上的语言有几百种,但微笑是通用的语言。微笑不需要翻译。"旅客需要服务,马上会有人来,并且绝不收取小费;天气好的话,旅客可以在晚饭后出外散步,享受郊外的宁静感觉……而享受这一切,价格绝对便宜:单人房才收4美元,双人房6美元。凯蒙斯规定,和父母一起住的孩子,一概不另外收费。

"高级膳宿,中档收费。"凯蒙斯说,"既不完全是汽车旅馆,也不完全是宾馆,但提供它们两者都有的服务。"

旅客纷纷前来,有的旅客走进酒店,房间已经住满,服务的先生或小姐会为旅客联系附近的旅馆——这又是凯蒙斯提出的服务。

一炮打响,凯蒙斯马上着手建造更多的假日酒店。他采取特许经营办法,向社会出售特许经营权,从而迅速推动假日酒店在全美各地开花……

20世纪60年代初,人们对计算机还是很陌生的。可凯蒙斯却在想,如何应用这个新的技术来为酒店服务。他有一种预感,计算机会给酒店带来许多好处。他想,为旅客预订外地假日酒店客房的唯一办法就是打长途电话,但长途电话费太贵了。能不能利用计算机,为各地的假日酒店相互之间建立"快车道"呢?他委托国际商用机器公司IBM设计安装一套计算机系统,它可以即时找出或预订在任何地方的任何一家假日酒店的可供投宿的客房,代价是800万美元。

后来，那套计算机系统设计出来了，并且取得了成功。当时其他的连锁旅馆都没有这种先进设备，假日酒店一下子拥有了巨大的优势。

第四章

静下来处事，
圈子也要不断地『断舍离』

舒服的关系，贵在不计较

茫茫人海，芸芸众生，你来我往，摩肩接踵，你或许因一件小事、一句不经意的话，使人不理解或不信任；或许别人的一个小小的过失、一句不当的言论，使你心生不满；甚或你的朋友，有意无意地做了令你伤心的事情，你会怎么做？是"以牙还牙，以眼还眼"？还是海涵谅解，对之宽容？如果选择后者，那说明你是明智的。

一个人拥有宽容，生命就会多一份空间，多一份爱心。朋友难免有缺陷和过错，理解、宽容是解除痛苦和矛盾的最佳良药，宽容能升华友谊，使之更高洁、更纯净。

从前，有两个一起长大的人，关系一直很好，以兄弟相称，娶妻生子之后，二人就商量着合伙开一间铺子，这样就不必太过劳累。

铺子开张以后，生意也一直很好，可突然有一天，家中丢了一吊钱。兄弟俩的钱一直放在一个木匣子里，就在店铺的厅里。

这兄弟二人都怀疑是对方偷了钱，于是为了一吊钱，两人吵了起来，并不欢而散，铺子就这样倒了。后来，他们各自有了自己的事业，只是谁都不肯理对方，而原先开铺子的房子也卖给了别人做药铺。

30年后，有个人到这个店买药。他和卖药的小生说："30年前，我缺钱花，还在这里偷过一吊钱呢，转眼这里竟是你们的药店了。"

小生一听，说："原来是你偷了那钱，害得那两个兄弟反目成仇，30年来没说过一句话，还不快快和我去澄清事实。"

两兄弟听到这个消息后，抱头痛哭。虽说事情澄清了，可是两人却失去了30年的感情。

这个因一吊钱而失去了友情的故事让我们深深体会到，学会宽容不仅是为了别人，也是为了自己。当我们总是怨恨朋友对不住我们的时候，我们自己也在受伤害，就像故事中的两兄弟一样。面对朋友曾经的冒犯，何不以宽容之心待之，让昨日的冲突与误会随着岁月的流逝消散，这不仅能让对方认识到你的胸襟和气度，同样也能够保持友谊之树长青。

如果我们真正看重与朋友之间的友情，那我们能做的最勇敢的事就不是和朋友赌气，而是原谅朋友的过错，试着与朋友和好。

如果说，友情是水，那么，宽容就是杯子，是一种生存的智慧、生活的艺术，是看透了社会人生以后所获得的那份从容、自信和超然。

找准位置，不依赖别人，也不拘束自己

上天宠爱那些独立自主、自力更生的人，自立精神是个人发展与进步的动力和根源，生活中各个领域里都少不了它，它是一个人内心强大的真正源泉。

依赖别人会使人失去独立自主性。依赖别人的人不能独立，缺乏创业的勇气，其决断力较差，会陷入犹豫不决的困境，一直需要别人的鼓励和支持，借助别人的扶助和判断。

自力更生与依赖他人是两种完全不同的生活方式，表面看起来二者没有任何联系，甚至是相互排斥不可结合的，但实际上它们之间又存在着一些联系，只有将二者相互结合才能形成一种高尚的依赖和自立。

人们经常听到这样一句话"人的命，天注定"，其实真正掌握命运的人就是自己。一个只盼望着上天为自己赐福的人，将永远受制于人，或被人、物所"奴役"，永远享受不到幸福、成功的甘甜。人在发展、创业的道路上，需要一种坦然的、平静的、自由自在的心理状态。自主是创新的催化剂，如果不能独立做人、自主办事，那么你将注定"享受"平庸。人生最大的悲哀，莫过于别人替自己选择，那样便成了一个被他人操纵的机器，完全失去了自我意识，这样的人生也是可悲的。

心理学家布伯曾说:"凡失败者,皆不知自己为何失败;凡成功者,皆能非常清晰地认识自己。"这里所谓的失败者是指那些不具备独立精神的人;而成功者,在人们眼里其责任心非常强,而且具备顽强的自主能力,他们不会以他人的意志为转移,做任何事情都有一定的主见,换个说法就是,能掌控自己的命运。

一位身患残疾的年轻人,并没有因命运的不公而放弃努力,他以50元钱起步,一直到闯出了自己的一片天下。他没有靠谁的青睐、谁的施舍,而是凭着自强不息和聪明才智取得了成功。

他给人们传授了成功的经验,就是自己掌控命运,不被困难打倒,不能把人生设计成打工一族。打工只是初闯天下的权宜之计,并不是自己要走的路,更不是自己想开辟的那片天地。

擅于驾驭自己命运的人,是最容易取得成功的。在生活的道路上,不要总是被别人牵着走,听凭他人摆布,要有自主意识,绝不出让驾驭自身命运的权利。

与独立自主的人相比,依赖者会表现出有缺陷的性格倾向——好吃懒做,坐享其成,他们会形成一些特有的症状。他们缺乏社会安全感,跟别人保持距离;他们需要别人提供意见,或依赖媒体的报道,经常受外界指使,自己没有判断能力;他们潜藏着脆弱,没有机智应变的能力。

生活的真正实质在于独立。如果向一个有依赖性的人问一些问题的话,就会惊奇地发现,他最钦佩的正是那些敢于独立思考、独立行事的人。正因为这样,如果你选择了独立,肯定会活出自己的精彩。

隐私这种事,别泄露自己的,也别过问他人的

有些人虽然行为上还算检点,但是语言上却不规矩,有的也说没的也道,今天李家长明天张家短的,这也反映了他内心的浮躁。尤其在职场上,嘴上的"不静"也会给我们带来不必要的麻烦。

于小琳参加工作已经有4年了,对于职场中的一些事情有一定的了解,虽然不算精明,但是一般也是能躲得过去职场中不必要的麻烦。然而她有个毛病,平时有什么话都憋在心里,一到喝酒时就会管不住自己的嘴,什么话都敢说。

前些日子,公司要聘请一位部门总监,于小琳认为自己完全有能力胜任,但是公司没有让她坐这个位子。不久,部门总监的位子有人坐了,是个女士,有国外留学背景。出于工作考虑,于小琳与这位女总监相处还算融洽。但是,经过一段时间后,于小琳发现这位女总监的水平也高不到哪里去,甚至有些地方还不如自己。于是她向上级领导汇报了相关的情况,希望上级领导考虑让她做总监,但是上级领导并没有采纳她的意见,于小琳很郁闷。

周末的时候,于小琳实在难以摆脱心中郁闷的情绪,约闺中

密友到家里来玩,那个密友还带来一位朋友。热情的招待后,几个人开始聊天,聊着聊着,于小琳就说到了自己的工作,并且毫无顾忌地讲起了公司的女总监。碰巧密友带来的这位朋友和女总监是国外同一所大学同一个学部的同学,她对这位女总监很了解,讲出了她不为人知的一些秘密。这让于小琳更加反感这位女总监。

之后的一段时间,于小琳并没有在别人面前提起这位女总监的事,依然表面一团和气地和她相处。在一次公司集体外出度假中,于小琳和部门的一位女同事同住一间客房。当时,于小琳多喝了几杯,和同事睡前聊天尽兴之时,说出了这位女总监的那些秘密,然后倒头就睡。早上起来的时候完全忘记了自己昨天讲了什么。

但是,那位女同事却把于小琳说的女总监的秘密当作谈资传播了出去,而且那位女总监也知道了。

女总监表面上并没有向于小琳发作,依然像以前一样对待于小琳。但是在做重要决策的时候,于小琳一些很好的建议并没有被采用,并当着于小琳的面表扬其他的员工,侧面批评于小琳。于小琳很难接受这样的现实,认为自己在这个公司里面已经没有发展空间,最终离职。

"病从口入,祸从口出",于小琳得到这样的结果也怨不得别人,谁让自己的嘴上没有个把门的呢!

企业是社会的缩影,我们身在其中,难免遭遇各路八卦。但是,传播八卦,尤其是传播领导的八卦是非常危险的。连比尔·盖茨都曾告诫他的员工"不要在背后议论领导"。

我们每天都要和同事、领导交流,在办公室内,一定要掌握说话、办事的艺术,什么话能说或不能说,什么事能做或不能做要心中有数,有时候,吃亏就是因为说了不该说的话,做了不该做的事。

邱先图在一家知名外企做事。有一次,项目经理告诉他,要做一个宣传案的策划,经过大家讨论后,邱先图完全按照项目经理的意思加班加点,并顺利完成策划案。但是,当策划案交到单位该项目的主管领导那里时,他却被狠批了一通。

在领导面前,邱先图说这方案是他们小组所有人讨论的结果,而且,他们的项目经理也非常赞同,这个策划案60%都是项目经理的想法。可没想到领导直接把项目经理叫来,当面对质。主管领导追问项目经理:"听说这都是你想的,就这种东西还能叫方案,还值得你们那么多人来集体策划?我看你这个项目经理还是不要当了。"

从主管领导的办公室出来后,他又被项目经理狠批了一顿。项目经理告诫他,以后说话前动点脑子,别一五一十的把什么都说出去。

可见有些话真不该说,正所谓话到嘴边留三分,揭人短的老实话更是万万不能轻易出口。

老人们经常说这样一句土话:"宁说玄的,不说闲的。"意思是,与人聊天时,宁可说一些无关双方的夸张玄乎事,也不要说别人的闲话。在职场中也是如此,聊些天文地理、奇闻轶事都没有关系,但聊天归聊天,一旦说到同事或领导的事情应该尽量忌口,比如涉及同事或上司的隐私、公司正在酝酿的新决策、人事调动等,私底下交流一下也无妨,但如果口无遮拦地在大庭广众面前高谈阔论,一不小心就会跨越了限度。

很多美轮美奂的言辞都来自嘴的功劳,很多诋毁、恶意中伤的话语也出自上下两片嘴。

同在一个单位,或者就在一个办公室,搞好与同事、领导的关系是非常重要的。倘若关系不和,甚至有点紧张,那就很难受了。导致同事、领导关系不够融洽的原因,除了重大问题上的矛盾和直接的利害冲突外,平时不注意自己的言行细节也是一个原因。

同事间的芥蒂多由说话而产生。如果我们经常像广播电台似的滔滔不绝地播报独家新闻,当然会使大家很新奇,也很快乐。但我们不可口无遮拦,信口开河。尽管一些"推心置腹"的诉苦能多少构筑出一种"办公室友谊",但喋喋不休地说别人的闲话却是最愚蠢的。在我们高谈阔论的时候,没准就有人开始盘算如何打我们的小报告了。

记住,与别人说话时避免敏感话题,不要随意对同事发牢骚,别在办公室谈论自己或他人的私事,不要传播那些八卦新闻,等等。

不辩解，实力是最好的抗争

放弃争辩，因为那样会让他人避而远之，甚至让自己到处树敌。天底下只有一种能在争论中获胜的方式，那就是避免争论。十之八九争论的结果会使双方比以前更相信自己绝对正确。争论是没有赢家的。要是输了，当然就输了；即使赢了，实际上还是输了。如果争论者的胜利，建立在使对方的论点被攻击得千疮百孔的基础上，证明他一无是处，那又怎么样？争论者会觉得扬扬自得，但对方呢？争论者伤了他的自尊，他会自惭形秽，他会怨恨争论者的胜利，而且会得到"一个人即使口服，但心里并不服"的结果。正如本杰明·富兰克林所说的："如果你老是抬杠、反驳，也许偶尔能获胜，但那只是空洞的胜利，因为你永远得不到对方的好感。"

因此，要衡量一下，是要一种字面上的、表面上的胜利，还是要别人的好感和自己内心的平静？

巴特尔与一位政府稽查员因为一项1万元的账单引发的问题争辩了一小时之久。巴特尔声称这笔1万元的款项确实是一笔死账，永远收不回来，当然不应该纳税。"死账？胡说！"稽查员反对说，"那也必须纳税。"

看着稽查员冷淡、傲慢且固执的神态，巴特尔意识到争辩得越久、越激烈,这位稽查员可能越顽固,因此他决定避免争论,改变话题,给他一些赞赏。

于是,巴特尔真诚地对这个稽查员说:"我想这件事情与您必须做出的决定相比,应该算是一件很小的事情。我也曾经研究过税收的问题,但我只是从书本中得到的知识,而您是从工作经验中得到的。我有时愿意从事像您这样的工作,这种工作可以教会我很多书本上学不到的东西。"

听完巴特尔的话,那个稽查员从椅子上挺起身来,讲了很多关于他工作的话,以及他所发现的巧妙舞弊的方法。他的声调渐渐地变为友善,片刻之后他又讲起他的孩子来。当他走的时候,他告诉巴特尔会再考虑那个问题,在几天之内给他答复。3天之后,他到巴特尔的办公室里告诉他,他已经决定按照所填报的税目办理。

事实上,争辩的目的是为了分清是非,寻求真理。所以,只要我们不怕吃亏,不做无益的争论,而是采取积极的态度,使用积极、文明、恰当的语言去与人探讨,就一定会取得意想不到的成效。巴特尔就用自己的经历证明了这一点。

为了说服对方,改变他的意见及行为,我们需要冷静地把事实指示给他看,与他从容地交谈。当我们与某人议论时,必须注意到一件事,那就是,在展开争论时切勿冲动地大嚷,或采取激烈的态度。针对这个问题,有两位教授进行了一项实验。

这两位教授耗费了7年时间,调查了种种争论的实态。例如,店员之间的争执,夫妇之间的吵架,售货员与顾客间的斗嘴等,甚至还调查了联合国的讨论会。

结果,他俩证明出凡是去攻击对方的人,都无法在争论方面获胜。相反,能够在尊重对方的人格方面动脑筋的人,则往往能够改变对方的想法。

从这项实验中,我们不难获知:人们都有保护自己、避免被他人攻击的强烈冲动。当我们对他人说,"哪有那种荒谬透顶之事"或者"你的思想有问题"时,对方为了保全自己的面子,以及守住自己的立场,定会紧紧地闭起他的心扉。因而,与人展开议论之时,以冷静的态度应对为妙。

接受小小的请求,让微小的善意流转

人性本善还是本恶?有说人性本善,人幼小时都是天真无邪的,是在长大的过程中受环境、人为因素的影响才慢慢改变的。也有说人性本恶,你看初生婴儿就只知道张嘴哭,不停索要而不知给予,在后来长大的过程中接受了教育,受人训导后才渐渐知道感恩、学会付出的。

不管人性本善还是本恶,只要在为人处世中一直心存善念而不为恶就可。在人与人的接触交往中无害人之心,本着真、善、诚信去做每一件事，一切就会简单而美好。

"三国"中的刘备临终前对即将继任的儿子说了这样两句话："勿以恶小而为之，勿以善小而不为。"这句话表明了在善恶的问题上，只有对与错，没有大与小。恶即使再小也是恶，善即使再小也是善。这两句话说起来容易，可做起来并不容易。我们知道雷锋所做的事情都是一些细小、平凡的事情，我们会说那些事我们也能做到，可问题是有很多人不屑于去做。遇到危险是否能挺身而出？很多人可能会说我如果遇到了就会怎样怎样……当然，指责别人时都会说得振振有词，可事实上说这些话的人在平时的生活中是不是经常做善事呢？比如有小孩落水时；还有在公众场合看到歹徒行凶时；看到别人的包被抢时……类似这样的事情。这些善事是小事吗？小到人们不屑于去做了吗？那什么是大事呢？非得等到遇上什么千年不遇的天灾人祸时才能表现你的大义凛然的精神吗？那些在灾难和突发事件面前能挺身而出的人绝不是一时的良心发现，而是长期积累的结果，也就是说长期律己甚严，对一点一滴的小事都能认真去做、积善成多的结果。

同样，恶也是一样，那些敢于拿国家的利益、群众的生命开玩笑的人也绝不是一时糊涂，或者是一时大意才这样做的，一定是在做哪怕是很小的恶事时"脸不红心不跳"，没有丝毫的犹豫不决和良心不安，或者开始时有一点，但最终习以为常。因为恶一旦开始，要想停止就不容易了。即使再小也会逐渐演变，最终把你引向万劫不复的地狱。而善必须开始，哪怕多么小的善，也是一个良好的开端，如果你永远把善行停留在嘴上，永远只是设想和假如，那么你就与善无缘了。

因此，为了远离恶，就要趋向善，"不以善小而不为"，从自身做起，从现在做起。

说话有分寸是一种教养

社交中，一些人说话简直像不经过大脑一样，想到什么就说什么，这些话常常是不恰当的、没分寸的，结果不知不觉中就得罪了人。作为朋友，在这个时候即使不说鼓励的话，也不应该泼冷水，这会伤害朋友的自尊心，影响日后的交往。其实，像他们这样的人，品质并不坏，只是没有掌握说话的分寸。除非他们不说话，只要一开口，就得罪人，久而久之，人们真是从心底里不愿与这样的人来往。

举个例子，某个公司的职员，提出一套方案，有个爱泼冷水的同事，其实没什么恶意，就是不知道把握说话的分寸，不知道哪些话该说和不该说，说了几句话就把人给得罪了。

假如他真的那么认为，也不该说出来，心里知道就行了，他要是不说话，也没人把他当哑巴，何必说出来惹得人家不高兴呢？自己也没有台阶下。

在与人交往中，要想不得罪人，就要注意说话的分寸，多站在他人的立场上考虑问题，为他人着想，尽量不要触怒了对方，这不利于自己人际交往的质量。同样是一句话，在不同的场合，所起的作用完全不同。一个在社交场合中游刃有余的人，深知在不同的场合，哪些话该说，哪些话不该说。与人交往时，说话一定要有分寸，少说别人不爱听的话，以免触怒对方，影响两人的关系。想要赢得别人的好感，就要注意别人的心理需求，多为对方考虑。

沉默，用最笨的方法结交人脉

寺院里住着俩和尚，师兄博学多闻，师弟则生性驽钝，而且瞎了一只眼睛。

一天，有个僧人要来寺院参访，师兄云游外出，师弟接待了他。

没想到，师弟在法战中居然获胜了。这是为什么？原来，师兄临走时告诉他："如果有人来法战，你只要不说话，就一定能获胜！"于是，师弟便用此法与僧人斗法。

一开始，僧人竖起一指，师弟则竖起两指；僧人竖起三指，师弟则握紧拳头。僧人无话可说，低头认输，满脸都是敬佩的神色。

师兄回来，师弟告知法战之事："一开始，他竖起一指，讽刺我只有一只眼睛；我竖起两指，说他有两只眼睛，实在幸运；他竟然举起三指，暗示我们两人加起来只有三只眼睛！"

师弟越说越气："我实在忍无可忍，举起拳头正要揍他，他却莫名其妙地说：'大师高明！'看他这样说，我也不好为难他，只好放他走了。"

师兄便去向那僧人讨教。僧人说："我竖一指，是说'大觉世尊，人天无二'；他竖两指，表示'佛法二者，一体两面，是二而一'；我竖三指，表示'佛法僧三宝，和合而住，缺一不可'；他握起拳头，表示'三者皆由一悟而得'。至此，我只好认输。"

师兄听罢，不禁哈哈大笑……

人是一切社会关系的总和，任何一个人都不可能是孤立的，都与这个社会有着千丝万缕的联系。

愚蠢的人喜欢用嘴斗争，喜欢用自己过高的分贝来证明自己的能力，但是恰恰相反，过高的声音只能证明其内心的软弱，而聪明的人一言不发，却威慑四方。

日常生活中，每个人都难免会被别人指指点点，有的人喜欢你，可能对你美言甜语，有的人也许因为忌妒你的能力而对你妄加评论。面对这些是是非非，你纵有千张嘴万条舌，又怎能敌得过众人"一传十，十传百"的流言蜚语？这时，你唯一能做的就是保持沉默，沉默胜过口若悬河的辩解！沉默让清者自清、浊者自浊！

世事有时就像一潭被搅浑的水，保持沉默就是等待是非沉淀的过程，否则，你会越搅越浑浊！面对是非纷争，你的言语要么是扬汤止沸，要么是火上浇油，而适当的沉默则会釜底抽薪！沉默是防卫的最好武器，所以，当武则天弥留之际，吩咐后人为她立无字之碑，是非功过，任人凭说！武则天用无字碑选择了死后的沉默。然而，这无字碑、这死后的沉默，却让千秋万代更加敬佩她的伟大睿智。

"大音希声，大象无形。"这里所说的"大音"即是"道"，指音乐的本源，是自然界存在的真正的音乐，而"希声"是说最完美的音乐是人们听不到的音乐自身；而所谓"大象"，是指形象本身，也即是"道"，而"大象无形"就是说最大的形象是人们看不见形迹的"道"。既有大智若愚，便有大愚若智，这是程度和境界的问题。

大智若愚的人有再多的聪明都不随便显摆，厚积薄发、宁静致远，注意自身修为，对很多事都有着大度开放的姿态和海纳百川的境界。

大智若愚，大智无语。

不轻易承诺，是你与别人最好的相处方式

　　一个人的诚实与信誉反映了他内心的品质，而能否兑现承诺便是一个人是否讲信用的主要标志。

　　"你的承诺和欠别人的一样重要。"这是人们的普遍心理。当你要应承别人某一件事情时，你一定要三思而行。

　　因为当对方没有得到你的承诺时，他不会心存希望，更不会毫无价值的焦急等待，自然也不会有失望的惨痛。相反，你若承诺，无疑在他心里播种下希望，此时，他可能拒绝外界的其他诱惑，一心指望你的承诺能得以兑现，结果你很可能毁灭他已经制订的美好计划，或者使他延误寻求其他外援的时机，一旦落空，那将是扼杀他的希望。

　　如此一来，你的形象就会大跌，别人因你不能信守承诺而不相信你，也不愿再与你共事、与你打交道，那么，你只能孤军奋战。有些人在生活或工作上经常不负责，许下各种承诺，而不能兑现承诺，结果给别人留下恶劣的印象。如果承诺某种事，就必须办到；如果你办不到，或不愿去办，就不要答应别人。

　　生活中有许多人都把握不了承诺的分寸，他们的承诺很轻率，不给自己留下丝毫的余地，结果使许下的诺言不能实现。

　　某高校一个系主任，向本系的青年教师许诺说，要让他们中

三分之二的人评上中级职称。但当他向学校申报时出了问题，学校不能给他那么多的名额。他据理力争，跑得腿酸，说得口干，还是不能解决问题。他又不愿意把情况告诉系里的教师，只对他们说："放心，放心，我既然答应了，一定要做到。"

最后，职称评定情况公布了，众人大失所望，把他骂得一钱不值。甚至有人当面指着他说："主任，我的中级职称呢？你答应的呀！"

而校领导也批评他是"本位主义"。从此，他既在系里信誉扫地，也在校领导面前失去了好感。

因此，我们在工作中，不要轻率许诺，许诺时不要斩钉截铁地拍胸脯，应留一定的余地。当然，这种留有余地不是给自己不做努力寻找理由，自己也必须竭尽全力去实现诺言。

事物总是变化发展的，你原来可以轻松做到的事可能会因为时间的推移、环境的变化而有一定的难度。如果你轻易承诺下来，会给自己以后的行动增加困难，对方会因为你现在的承诺而导致将来的失望。所以，即使是自己的事，也不要轻易承诺，不然一旦遇上某种变故，让本来能办成的事没能办成，这样一来，你在别人眼里就成了一个言而无信的伪君子了。

给人承诺时，不要把话说得太满，以为天下没有办不成的事，那很容易给人留下虚伪的印象。

为人处世应当讲究言而有信，行必有果。因此，承诺不可随意为之，信口开河。明智者事先会充分地估计客观条件，尽可能不做那些没有把握的承诺。

别在语言暴力中丢掉了全部的风度

有一个人,因在单位里与同事产生了一点摩擦,很不愉快。一怒之下,他就对那位同事说:"从今以后,我们之间一刀两断,彼此毫无瓜葛!"

这句话说完不到三个月,他的同事成了上司。因他讲了过重的话所以很尴尬,只好辞职另谋他就。

这就是把话说得太满,而给自己造成窘迫的典型例子。把话说得太满就像杯子倒满了水,再也滴不进一滴水,再滴就溢出来了;也像把气球充饱了气,再也充不进一丝的空气,再充就要爆炸了。当然,也有人话说得很满,而且也做得到。不过凡事总有意外,使事情产生变化,而这些意外并不是人能预料的,话不要说得太满,就是为了容纳这个"意外"。

杯子留有空间就不会因加进其他液体而溢出来,气球留有空间便不会因再充一些空气而爆炸,人说话留有空间,便不会因为"意外"出现而下不了台,因而可以从容转身。

有经验的人在面对记者的询问时,都偏爱用这些字眼,诸如:"可能、尽量、或许、研究、考虑、评估、征询各方意见……"

这些都不是肯定的字眼，他们之所以如此，就是为了留一点空间好容纳"意外"，否则一下子把话说死了，结果事与愿违，那不是很难堪吗？

对别人的请托可以答应接受，但不要"保证"，应代以"我尽量，我试试看"的字眼。

与人交恶，不要口出恶言，更不要说出"势不两立"之类的话，不管谁对谁错，最好是闭口不言，以便他日需要携手合作时还有"面子"。

对人不要太早下评断，像"这个人完蛋了""这个人一辈子没出息"等盖棺定论的话最好不要说。人一辈子很长，变化很多呢！也不要一下子评断"这个人前途无量"或"这个人能力高强"。足球明星贝利对世界杯的预言被各大媒体当作笑话，他也因此背上了"乌鸦嘴"的恶名，原因很简单，他自以为是直截了当的预测却把他推上了绝境，以至于2002年世界杯巴西队有望夺冠之时，他也三缄其口，生怕自己大嘴一张说跑了巴西队的好运气。

少对人说绝话，多给人留余地，这样做不仅是为对方考虑，更是为自己考虑、对自己有益。

谚语："十年河东，十年河西。"今天有的事很可能用不了"十年"就会发生此消彼长的变化，人们相互间更是"低头不见抬头见"。如果把话说得太满，把事做得太绝，将来一旦发生了不利于自己的变化，就难有回旋的余地了。

谦虚低调，会让自己的人缘越来越好

做人做事难免有不如意的时候，若能低调一下，也许就会峰回路转。如果你掌握了自我克制，也就掌握了一条低调做人的方法。

明朝苏州城里有位尤老翁，开了间典当铺。一年年关前夕，尤老翁在里间盘账，忽然听见外面柜台处有争吵声，就赶忙走了出来。原来是附近的一个穷邻居赵老头正在与伙计争吵。尤老翁一向谨守"低调做人""和气生财"的信条，先将伙计训斥一遍，然后再好言向赵老头赔不是。可是赵老头板着面孔不见一丝和缓之色，靠在柜台上一句话也不说。挨了骂的伙计悄声对老板诉苦："老爷，这个赵老头蛮不讲理。他前些日子当了衣服，现在，他说过年要穿，一定要取回去，可是他又不还当衣服的钱。我刚一解释，他就破口大骂，这事不能怪我呀。"尤老翁点点头，打发这个伙计去照料别的生意，自己过去请赵老头到桌边坐下，语气恳切地对他说："老人家，我知道您的来意，过年了，总想有身体面点儿的衣服穿。这是小事一桩，大家是低头不见抬头见的熟人，什么事都好商量，何必与伙计一般见识呢？您老就消消气吧。"尤老翁不等赵老头开口辩解，马上吩咐另一个伙计查一下账，从赵老头典当的衣物中找四五件冬衣来。然后，尤老翁指着这几件衣服说:"这件棉袍是您冬天里不可缺少的衣服,这件罩袍您拜年时用得着,这三件棉衣孩子们也是要穿的。这些您先拿回去吧,其余的衣物不是急用的,可以先放在这里。"赵老头似乎一点儿也不领情,拿起衣服,连个招呼都不打,就急匆匆地走了。尤老翁并不在意,仍然含笑拱手将赵老头送出大门。没想到,当天夜里赵老头竟然死在另一位开店的街坊家中。赵老头的亲属乘机控告那位街坊逼死了赵老头,与他打了好几年官司。最后,那位街坊被拖得筋疲力尽,花了一大笔银子才将此事摆平。原来赵老头因为负债累累,家产典当一空后走投无路,就预先服了毒,来到尤老翁的当铺吵闹寻事,想以死来敲诈钱财。没想到尤老翁做人一向低调,明显吃亏也不与他计较,赵老头觉得坑这样的人即使到了阴曹地府也要下地狱,只好赶快撤走,在毒性发作之前又选择了另外一家。

事后,有人问尤老翁凭什么料到赵老头会有以死进行讹诈这一手,从而忍耐让步,躲过了一场几乎难以躲过的灾祸。尤老翁说:"我并没有想到赵老头会走到这条绝路上去。我只是根据常理推测,若是有人无理取闹,那他必然有所凭仗。在我当伙计的时候,我爹就常对我说,'天大的事,忍一忍也就过去了。'如果我们在小事情上不忍让,那么很可能就会变成大的灾祸。"尤老翁以少见的忍耐力避开了大的灾祸。的确,做人要低调一些,天大的事,忍一忍也就过去了,这可谓是能屈能伸、方圆做人的至高境界了。

林肯曾经说过:"对暂时斗不过的小人要忍耐。"与其和狗争道被狗伤,还不如让狗先走。因为即使你将狗杀死,也不能治好被咬的伤,正所谓"小不忍则乱大谋"。

在待人处世中要低调,当自己处于不利地位或者危难之时,不妨先退让一步,这样做不但能避其锋芒、脱离困境,而且还可以另辟蹊径、重新占据主动。

不要一味讨好别人,要学会为自己活着

有时候我们为了获得别人的认同,而不得不讨好别人,尤其是当我们断定在茫茫人海中可以找到一个心爱的人——这个人就是他的时候,我们会觉得这是多么大的福气,或许没有你想象的那么好,但应该也不会糟糕到哪里,所以就会好好珍惜,多说关怀话,少说责备话,甚至慢慢地,我们就越来越习惯于讨好他,只要他快乐,我们就觉得满足。

但是,珍惜和讨好并不是同一个概念。

如果你懂得珍惜,你会发现你获得的越来越多;如果你一味讨好,你会发现你失去的越来越快。爱情合适就好,不要委屈将就,你只要知道彼此虽然有缺点,但保有一种纯朴的可爱就足够了。

很多人一生都在悲惨地讨好人,却以为是在爱护人,甚至会

为了讨好别人而改变自己。做好自己的本分，不要为了讨好别人而改变自己。

如果你细细觉察一下自己每日的言行举止，就会发现自己很多时候都是在讨好别人。

其实，讨好是源自内心的一份需求和期待，是希望对方能够满足我们，给我们认可、肯定、赞美、温暖和支持。

当我们带着对别人的需求和期待，试图去"讨好"对方，如果对方满足了我们，我们就有了一种体验叫"满足"；如果对方没有满足或者干脆忽略，我们就有了另一种体验叫"受伤"。"满足"之后我们会不断重复地使用"讨好"直到对方无法满足我们时，我们也开始"受伤"，然后"受伤"的人要么独自品尝"受伤"，不断地"伤害"自己，要么将这份"受伤"扔还给对方，就成了"伤害"对方。

这样的关系是一种恶性循环，并不是真正有利于自身的人际关系。

当你试图想发个短信，当你试图想要开始聊天，当你试图要开口说话之前，可以问问自己：我想要做什么？是想要讨好对方？还是想要真诚地表达我真实的感受？还是希望对方给我一个我想要的回应？看清楚每个动作背后的动机，或许，你会省掉很多"讨好"的动作。

当你接到一个短信，当你的QQ头像开始跳动，当你听到对方跟你说的一句话之后，你可以问问自己，我现在的感受是什么？

我想要回复对方的目的是什么？我真的是有话要表达？还是怕对方生气而说话？如果你可以清楚地看到每个动作背后的动机，或许，你也可以省掉很多"害怕对方受伤而讨好"的动作。

其实从不断轮回地讨好游戏的过程来看，我们已经清楚地看到了游戏的结局：无论我们怎么讨好对方，对方无论怎么讨好我们，结果都是"受伤"，只是"受伤"来到的时间早一点晚一点而已。

如果在关系中，我们恐惧真诚的表达，恐惧面对真相，恐惧关系之间的"不讨好"，那么，我们迟早是要"受伤"的，这是命定的关系咒语。

为了打破这个咒语，我们必须要改变这种恐惧——做个真诚的人。

第五章

静下来自省，
人生进阶的基本逻辑

浮躁时代里你的成就不妨"慢"一些

追逐名和利,也许是幸福感的来源之一。我们不需要批判这种人类本性的欲望。然而,在追名求利的路上,我们要学会对每件事都持之以恒地去做,不要那么着急看结果,先把手头的事情干好了再说。

急功近利的人得不到幸福,很多生活态度猴急的人,他们来到大城市生活,想要出人头地,但是心太急。明明只在售楼处当过几天推销员,却非说自己从事过"房地产业",听起来怪吓人的,以为他是什么大投资商呢。

什么年纪说什么话,做什么事。二十几岁就跟商界大亨去攀比,你心里不会有幸福感。谁都是从底层做起、从小事做起的,如果不愿从头做起、从底层做起,总是幻想一步登天,十年过去了,你依旧还是个心比天高的空想家。

当事业爱情都没有着落时,很多人都觉得活着没意思。实际上他们只是把自己的目标定得太高了,如果一个人的学历只有高中毕业,但是想办一个学校,这显然超出他的知识积累,太不切实际了,他的不成功是必然的。害怕做实际的、枯燥乏味的工作,好逸恶劳，是许多所谓"怀才不遇"的人的通病，但所怀的是真"才"，还是草包一个硬充才子，那就得到实践中去检验了。

周围世界变得越来越公平了，所谓"走后门""托关系"之类，如今在很多地方已经行不通了，取而代之的是"个人能力""实力""工作业绩"等。

现在社会最大的好处在于，只要你有能力，绝对埋没不了你。你有没有经商的头脑？有没有做学问的功夫？有没有写词作曲的才华？有没有写小说的本事？只要你有才能，绝对埋没不了你，就怕你一身虚招子，只会吹嘘。大事干不了，小事不愿干，这样的人哪来的成功可言？又怎会有幸福感？

是你的终归是你的，如果一味地追求，过分贪图反而会适得其反，弄巧成拙，最终一事无成。因此做人还是要踏实些，把标准定得低一点，把目光放得远一点。放弃那些华而不实的幻想，挑一件你能干得了的事情来干，是人生最实际的活法。我们都讨厌那些牢骚满腹的人，世界也绝不会因为你的抱怨而变得更加符合你的理想，你只有改变自己。

追求幸福的人生没有错，错就错在有些人心浮气躁，找不到自己的方向，总是一路狂奔，还边跑边问："我为什么总是达不到自己的目标呢？"

做事急功近利、弄虚作假没有任何实际作用，再大的气球也飞不上月球，浮华的表面很容易被捅破，内心的充实才是永远的财富。只有不断地充实自己，踏踏实实地做好每一件事，成功的天平才会向你倾斜。

慢一点，也会有你的世界

"母亲从乡下来，开车带她行驶在高速路上，看着车前车后一辆接一辆疾驰而过的汽车，她良久不解地问我：'这些车都急嗖嗖地干什么？'

"我一时也回答不出来，因为我也在急嗖嗖地开车赶在堵车高峰到来之前冲出城去，奔回在郊区的家。

"那些车主有的要回家和家人吃晚饭，有的要去见客户应酬，有的要去看将要晚点的电影……不管去做什么，司机们都要快一点，因为时间太紧了，城市里的每个人都没法慢下来。

"这是个'急时代'。电梯明明多等半秒钟就可以自动关闭，总有人急切地伸出手去按关闭键；绿灯亮了汽车起步晚半秒钟，后面的司机就会按喇叭或闪灯催促；人行道上每个人都行色匆匆，不小心撞了下肩膀，两个人怒目相视一下便各自急匆匆地离开，连吵嘴的工夫也不愿意浪费。

"我想要慢下来。

"于是，有一次在一家餐馆吃完饭取车准备走时，发现道路中央被一辆车挡住了，车边几个人在寒暄，借着酒劲儿大声说笑、逐一握手，我耐心地等，没按喇叭，没闪灯。可时间一分一秒地过去了，我终于还是没能忍过5分钟，愤怒地按起了喇叭。我事后对自己的行为感到后悔，觉得失去了风度。可问题是，在这个'急时代'，想保持风度太难了。

"我在地铁或公交站里经常看到，有人为了挤上将要开走的这班车，挤散了头发，挤掉了高跟鞋，挤丢了手机，也有人挤得破口大骂，厮打成一团……能保持衣冠整齐就不错了，风度根本无从谈起。"

上文中"我"的感慨可能道出了很多都市人的心声：想要从容一点、优雅一点地生活，当务之急是不能"急"，重中之重是"慢"下来。

不急，首先，得有慢下来的心境。事由心生，祸由怨起。

少关注一点车市、房市、股市，多与内心交谈，搞明白活着的意义与价值是什么，弄清楚自己想要的究竟是什么，或许能够帮自己慢下来。想事情的时候要放眼长远，不要人云亦云，万事不急着发言，不被虚假现象和信息蒙蔽，自然就不会那么急躁了。

其次，得有慢下来的行动。对要去的地点和要办的事情及早规划，设定好目标、地点和路线，留出足够充裕的时间，宁可早到等人，也别在路上看手表、打手机，焦灼万分。没有紧要的事情，走路不要一路小跑，要强制自己慢慢走，看一下街景，欣赏一眼海报，你会发现世间万物有很多是静止的，它们等待被发现，它们的存在只是为了存在本身，而不像我们一样，存在永远是为了某个目的。

现代人什么都追求第一时间,电影要看首映,球赛要看直播,就连听个笑话,也偏爱脑筋急转弯之类的。事实上,因为急,我们体会不到慢的快乐与愉悦。

生活是一种感受的过程,放慢脚步,放慢心境,我们才能从容生活,才能真正感受生活之美。

这个世界上有比"我要赢"更重要的事

在人们固有的意识中,常常认为不认输者是好样的,但却鲜有人赞颂认输者,"认输"这一课没有哪个学校开设,这一课却人人都应学会。

生活中,不认输的精神当然很可贵,但不是放之四海而皆准,很多时候,认输才是明智之举。只有懂得认输、学会认输,才可能是最后的赢家。

人生的征途中常有竞争和角逐,也有奋斗与拼搏,着实需要百折不挠、矢志不移、永不言败……其实,在必要的时候,也要学会认输。试想,面对不利的现实,深知自己不敌对手,还一味地跟人家拼斗又有何益呢?而懂得认输、避开锋芒、急流勇退、不进行无益的竞争、减少不必要的"牺牲",才是智者的风范。

这种认输并不是自认失败，而是暂时性的稳定脚跟；这种认输并不是放弃追求，而是退一步去重新审视局势；这种认输能使自己的心灵空间更广阔，且能让自己的心灵得以充分的休息调整，以便更好地寻求成功的契机。

学会认输，就是知道自己在摸到一张臭牌时，不再希望这一盘是赢家。当然，在牌场上，大多数人在摸到一张臭牌时会对自己说，这一盘输定了，别管它了，抽口烟歇口气，下回再来。可在实际生活中，像打牌时这么明智的却少之又少。想想看，你手上是不是正捏着一张臭牌，舍不得丢掉？

学会认输，就是在陷进泥塘的时候知道及时爬上来，远远离开那个泥塘。有人说，这个谁不会呀！那个泥塘也许是个"国营单位"，也许是个投资项目，也许是个"三角"或"多角"恋爱，也许是个当作家的梦。有的人在这样的泥塘里是怎样想的？他们会想，让人家看见我爬出来一身污泥多难为情呀；会想，也许这个泥塘是个宝坑呢；还会想，泥塘就泥塘，我认了，只要我不说，没人知道！甚至会想，就是泥塘也没关系，我是一朵水莲花，亭亭玉立，出淤泥而不染！

学会认输，就是在被狗咬了一口时，不去下决心也要咬狗一口；就是在被蚊子咬了一口以后，不到蚊子法庭去讨公道。有人会说，这有什么不懂。不过在现实生活中，被另一类"狗"咬以后，很难做到不去跟"狗"较劲。至少我们常见到这样的人，他不承认现实中有"蚊子"和"走狗"，他永远都在抱怨蚊子的可耻和狗的卑鄙，到处像蚊子一样地与蚊子喋喋不休，并且总是张口就来一句"气死我了……"来证明他正在与狗讲理。

可见，认输不失为一种策略，它使你彻底摆脱不健康的心理羁绊，使你调整好位置，进入最佳的心理状态，它造就的将是一片心灵的净区。

很多东西不如和占有欲一起丢弃

欲望越多，痛苦也越多。人心不足蛇吞象，想想蛇吞象的样子——咽不进，吐不出，要多难受有多难受。什么都想要，最后可能什么也得不到，反而一辈子将自身置于忙忙碌碌、钩心斗角之中，这样活着未免太累！《论语》里说颜回："一箪食，一瓢饮，在陋巷，人不堪其忧，回也不改其乐。"如果少一些欲望，是不是也会少一些痛苦呢？

从前，有两位很虔诚、很要好的教徒，决定一起到遥远的圣山朝圣。两人背上行囊、风尘仆仆地上路，誓言不达圣山朝拜，绝不返家。

两位教徒走了两个多星期之后，遇见一位白发年长的圣者，这圣者看到两位如此虔诚的教徒千里迢迢要前往圣山朝圣，就十分感动地告诉他们："这里距离圣山还有十天的脚程，但是很遗憾，我在这十字路口就要和你们分手了；而在分手前，我要送给你们一个礼物，就是你们当中一个人先许愿，他的愿望一定会马上实现；而第二个人，就可以得到那愿望的两倍。"

此时，其中一个教徒心里一想："这太棒了，我已经知道我想要许什么愿，但我不先讲，因为如果我先许愿就吃亏了，他就可以有双倍的礼物，不行。"而另外一个教徒也自忖："我怎么可以先讲，让我的朋友获得加倍的礼物呢？"于是，两位教徒就开始客气起来："你先讲嘛。""你比较年长，你先许愿吧。""不，应该你先许愿。"两位教徒彼此推来推去，"客套"地推辞一番后，两人就开始不耐烦起来，气氛也变了，"你干吗？你先讲啊。""为什么我先讲？我才不要呢。"

两人推到最后，其中一人生气了，大声说道："喂，你真是个不识相、不知好歹的人耶，你再不许愿的话，我就把你的狗腿打断、把你掐死。"

另外一人一听，没有想到他的朋友居然变脸，恐吓自己。于是想，你这么无情无义，我也不必对你太有情有义。我没办法得到的东西，你也休想得到。于是，这一教徒干脆把心一横，狠心地说道："好，我先许愿。我希望——我的一只眼睛——瞎掉。"

很快地，这位教徒的一只眼睛马上瞎掉了，而与他同行的好朋友也立刻瞎掉了两只眼睛。

原本，这是一件十分美好的礼物，可以使两位好朋友互相共享，但是人的"贪念"左右了心中的情绪，所以使"祝福"变成"诅咒"、使"好友"变成"仇敌",更是让原来可以"双赢"的事,变成两人瞎眼的"双残"。

因为放不下到手的职务、待遇,有人整天东奔西跑,耽误了更远大的前途;因为放不下诱人的钱财,有人费尽心思,利用各种机会去大捞一把,结果常常作茧自缚;因为放不下对权力的占有欲,有些人热衷于溜须拍马、行贿受贿,不惜丢掉人格的尊严,一旦事情败露,后悔莫及……

我们的痛苦和烦恼大都来源于贪欲,源自不满足,人生的苦难也是如此,我们永远不知足,所以永远无法脱离苦海。我们整天想拥有更多,被欲望牵着走,却看不到手中已经拥有的东西。我们整天抱怨上天对自己不好,他人对自己不好,抱怨自己不幸福,却不知这一切都因为我们内心有贪欲。

生命之舟载不动太多的物欲和虚荣,要想使之在抵达彼岸时不在中途搁浅或沉没,就必须轻载,只取需要的东西,把那些应该放下的"坚果"果断地放下。

抛却妄念,让世界看到不一样的你

从某种意义上说,我们的头脑和计算机硬盘类似,会把所见所闻的信息都储存起来。但和计算机硬盘不同的是,人脑不仅是一个储存器，还是一片肥沃的土壤，你种下什么就会得到什么。如果耳濡目染皆是熙攘打闹、铜臭色欲，那你的心中绝不会长出一朵空谷幽兰，只会被欲望的藤蔓缠绕窒息、不得安宁，这便是"妄念"的生长模式。

妄念，又称为"妄想"。例如，我们早晨睁眼，脑筋里不断想事情，种种念头、种种幻想、公事私事、人我是非、陈年往事，就会像过电影一样一幕一幕地过去，又像奔流不息的瀑布，没有一分一秒停止。心中有很多割舍不下的事或物，那么妄念是很难被清除的。而且这些妄念不会自生自灭，经过一段时间之后逐渐形成固定的观念就长久的占据人的大脑。清除妄念的最好方法就是大量接受真诚、善良、宽容等良性信息，以人的正念取代脑中的妄念与邪念，其他任何人为的强制方法都难以消除思想中的妄念。

禅师称"菩提本无树，明镜亦非台"，主要在于打破修持中对身心的执着。在禅师看来，心生种种法生，心灭种种法灭，染净、圣凡关键在于自心一念，心生善端即为善，心生恶念即为恶。心性自然，本来清净，故云"本来无一物，何处惹尘埃"。

佛陀带领众弟子云游四方十年后，回到了山上寺院前的一块草地上。

佛陀说："十年云游，你们一定增长了许多见识，现在师父给你们上最后一课。你们看，旷野里有什么？"

众弟子一听，都笑了，齐声说："旷野里长满了杂草。"

佛陀又问:"你们该怎样除掉这些杂草?"

弟子们很惊讶,他们没想到师父会问这么简单的问题。

第一个弟子说:"师父,只要有一把铲子就够了。"佛陀点点头。

第二个弟子说:"师父,用火烧。"佛陀笑了一下。

第三个弟子说:"师父,在草上撒上石灰。"

第四个弟子说:"把草根挖出来,斩草除根就行了。"

待所有弟子都说完了,佛陀告诉大家:"今天的课就上到这里。明天你们下山,按照你们自己的说法去除草,一年后再回来。"

一年后,弟子们都回来了。不过原来他们坐的地方已经不是杂草丛生,它变成了一片长满庄稼的田地。这时,佛陀说:"今天我给你们补上这最后一课。要想除掉杂草,方法只有一种:那就是在上面种上庄稼。同样,要想让心灵不荒芜,唯一的方法就是修养自己的美德。"

对待妄念,我们要记住两个词:一个是"不忘",另一个为"不起"。不忘"见宗自相光明",不起"遮遣、成立、取舍"等心,这是最最重要的。这样,妄念突起时,不压制它、不随它跑,不产生任何爱憎、取舍之心,才能感悟到逍遥人生。

正如禅师所说:"本来无一物,何处惹尘埃。"我们不必将那些不现实的妄念挂于心间,让"妄念"自心生、随心灭吧。佛曰:一花一世界,一草一天堂,一叶一如来,一沙一极乐,一方一净土,一笑一尘缘，一念一清静。这一切都是一种心境。心若无物就可以一花一世界，一草一天堂。参透这些，一花一草便是整个世界，而整个世界也便空如花草。

挣脱自身的局限，拥有不平铺直叙的人生

世界上没有一个永远被毁谤的人，也没有一个永远被赞叹的人。当你话多的时候，别人要批评你；当你话少的时候，别人要批评你；当你沉默的时候，别人还是要批评你。在这个世界上，没有一个人不被批评。

认识自己，先要承认不足，正视自己的缺点，发惭愧心，这样才能真正地认识自己并不断修正、提高自己。

认识自己先要学会纳谏，能够听进去别人的规劝。所以说，认识自己先要放下自己，放下面子、放下虚荣、放下架子，认真听取别人的意见，因为我们自己当局者迷，别人可能会旁观者清。

朋友、同事乃至路人，只要是愿意教导我们的人，都是我们的理念父母，如果听到他们的规劝，我们一定要心存感恩之心。因为现在社会上能够亲自指出我们错误的人太少了，大部分生怕一不小心适得其反得罪了我们，甚至结愤成仇给自己带来麻烦，所以别人看到我们犯错也不愿意告诉我们，而我们如果不自知，

那便失去了成长的机会。

有这样一个故事：

一位英文专业毕业的大学生认为自己的英语很流利，就寄了多份英文简历到很多外企应聘。不久他就收到了很多回信，但结果并不尽如人意，许多公司说现在不需要他这样的人才。其中一家公司给他的回信是这样的："我们公司不缺人。然而，就算我们缺人，我们也不愿意用你这样的人，因为你很自以为是，认为自己的英文水平很高，单就从你的来信看，实际并非如此，你的文章不仅写得很差，而且错误百出。"你可以想象这个大学毕业生在读到这封信的时候是怎样的愤怒。他想，不用就罢了，何必把话说得那么难听呢？他甚至打算写一封狠一点的回信，质问对方公司的态度。

但当他平静下来后，转念一想："对方可能说得对，也有可能自己犯了英文写作的错误还不知道。"后来他又写了一封信给那家公司，向对方表示谢意，感谢那家公司纠正自己的错误，还表示会努力改进自己的不足。几天以后，这个年轻的毕业生意外地收到了那家公司的信函，告诉他他被聘用了。

心浮则不安，气躁则不平，心念要是不平静安和，则意志恍惚不能专心致志，这样自省的功夫便归于无，根本用不上力，怎么能够认识自己呢。

所以，碰到愿意批评我们的人，首先心中要生起感恩之心。感谢人家愿意发自内心帮助我们改过。如果身边有一个人告诫我们，我们要知道，人家是来帮我们开智慧的，我们要立即放下自己的偏见、成见，认真听取别人的意见，这叫耳聪，耳聪才能目明，世间的聪明是从打开耳朵开始的。打不开耳朵就叫"塞听"，肾开窍于耳，耳窍不通则肾气不足，人生底气就不足。肾为水，水不足，心火就旺盛，心火旺就会燥热难耐，就会经常做出让自己后悔的事情。而且，心火旺时不光会烧着自己，还会烧伤自己身边的人，乃至悖情悖理悖伦悖德，破坏人际关系，恶性循环到自己身上，就会生闷气，会更加闭目塞听一意孤行。

急于现能的人往往不是真的有能，学的东西不是真才实学，而是多浮华的东西，慢慢地变成纸老虎，除了在人前张扬外再无本事。这样的人很怕别人看不起自己，所以心神不宁，说话时紧张地察言观色，惶惶不可终日，每当别人批评自己，就不经思考地反唇相讥，其实这正暴露了自己的缺点。

一个真正有才华的人，是用一颗平静的心来看待自己的人，能时刻察觉到自己的不足，这样的人才能通过不断地自省而趋于完善。

发脾气要有正确姿势

从心理学的角度来讲，"静"不只代表一种心理状态，同时也意味着人的各种本能和情感冲动的内抑制与理性的自觉，正如梁漱溟先生所说："人心特征要在其能静耳""本能活动无不伴随有其相应的感情冲动以俱来，……然而一切感情冲动都足以为理智之碍。理智恒必在感情冲动摒出之下——换言之，必心气宁静——乃得尽所用。"

禅师正在打坐，这时来了一个人。他猛地推开门，又"砰"地关上门。他的心情不好，所以就踢掉鞋子走了进来。

禅师说："等一下！你先不要进来。先去请求门和鞋子的宽恕。"

那人说："你说些什么呀？我听说这些禅宗的人都是疯子，看来这话不假，我原以为那些话是谣言。你的话太荒唐了！我干吗要请求门和鞋子的宽恕啊？这真叫人难堪……"

禅师又说："你出去吧，永远不要回来！你既然能对鞋子发火，为什么不能请它们宽恕你呢？你发火的时候一点儿也没有想到对鞋子发火是多么愚蠢的行为。如果你能同冲动相联系，为什么不能同爱相联系呢，关系就是关系，冲动是一种关系。当你满怀怒火地关上门时，你便与门发生了关系，你的行为是错误的，是不道德的，那扇门并没有对你做什么事。你先出去，否则就不要进来。"禅师的启发像一道闪电，那人顿时领悟了。

于是，他先出去了。也许这是他一生中的第一次顿悟，他抚摸着那扇门，泪水夺眶而出，他抑制不住涌出的眼泪。当他向自己的鞋子鞠躬时，他的身心发生了巨大的变化。

禅师的话对他起到了醍醐灌顶的作用。的确，没有平和的心态，一味地冲动是无法走向成功的，只有冷静、理智的人才能与成功结缘。

人脾气的好坏与人的性格有关，而人的性格又与人的德行有关，而德行是不可能装出来的，它是要靠自己一点一滴去修养的。

脾气暴躁的人一般都是比较冲动的人，在面对很多事情的时候常仅凭借自己的感性认识去处理，这是非常不好的；如果在处理问题的时候不那么冲动，而是能理性地看待问题，那么脾气将会好很多。俄国文学家屠格涅夫，曾劝告那些易于爆发激情的人，"最好在发言之前把舌头在嘴里转上几圈"，通过时间缓冲，帮助自己的头脑冷静下来。在快要发脾气时，嘴里默念"镇静，镇静，三思，三思"之类的话。这些方法都有助于控制情绪，增强大脑的理智思维。

脾气暴躁的人常常在说话及为人处世中带有强烈的进攻性，这样不仅给别人留下不好的印象，也在别人忍耐你的同时助长了你暴躁的脾气。针对这种问题，你可以在家或在课桌上贴上"息怒""制怒"一类的警言，时刻提醒自己要冷静。也可以用一个小本子专门记录每一次发脾气的原因和经过，通过记录和回忆，在思想上进行分析梳理，定会发现有很多脾气发得毫无价值，由此会感到很羞愧，以后怒气发作的次数就会减少很多。

脾气暴躁的人通常都缺乏自控能力，自控能力其实很好锻炼。当你在做一件你觉得非常有意思的事情的时候，若停止做这件事除了会让你有不愉快的感觉以外没有任何损失的话，就强逼自己立刻停止，不去做。当发觉自己的情感激动起来时，为了避免立即爆发，可以有意识地转移话题或做点儿别的事情来分散自己的注意力，把思想感情转移到其他活动上，使紧张的情绪松弛下来。比如迅速离开现场，去干别的事情，找人谈谈心、散散步，或者干脆到操场上猛跑几圈，这样可将因盛怒激发出来的能量释放出来，心情就会平静下来。

当我们胸中的怒火爆燃的时候，如果能静下心来，我们的灵魂就不会被灼伤，也不会因一时的冲动而留下终生的悔恨……

不贪不恋，诱惑越大越要沉得住气

贪婪像水面上扭曲游动的蛇，搅得人心绪不能平静。如果一个人不能控制自己的欲望，就等于一座墙垣已经坍塌的城池，失去了对任何邪恶防御和抵抗的屏障，随时都可能在利益和感官刺激的诱惑下崩溃。

有这样一则故事，某国开发初期，地广人稀，地价甚廉，当时土地的出售，是以一人一天所跑的范围为准。

因此，有一个人付了钱就开始拼命奔跑，从清晨到中午，此人丝毫不敢休息，唯恐稍有松懈就损失了一些土地。到了黄昏，眼看太阳就要下山,如果跑不回终点就要前功尽弃,因此,他开始不要命地狂奔。

但是哪里想到,当他费尽千辛万苦跑到终点时,人也立即倒地,气绝身亡,卖主只好将他草草地就地埋葬,而所占的不过就是一棺之地。

贪婪的人并不会因职业而改变贪婪的本性。乔叟在《赦罪僧的故事》中惟妙惟肖地刻画了一个以布道为宗旨的圣徒,他一面谆谆告诫大家贪财是罪恶之源,一面却在谋划怎样从受教者身上搜刮更多的钱财:"哪怕她的孩子就要饿死,我也绝不放过。"我们要特别警惕那些表面上的正人君子,在他们冠冕堂皇的后面,常常隐藏着丑恶的灵魂。"不知耻者,无所不为",仁慈和凶狠对于他们来说,不过是随时可供选择的面具,善良的人常常被他们所欺骗。

然而,并不是所有对财富的向往都是丑恶的,其界定的准绳是他获得财富所使用的手段,一切用正当的光明磊落的手段获得的财富,无论多少都是干净的。财富本身并不是罪恶,只有不义之财才是罪恶的深渊。

贪婪虽然可以在理性和意志的力量下得到暂时的遏制,但终不能长久。只有从心灵上彻底战胜它,才能得以永恒。虚怀若谷方可无忧无虑,对需求的自足,才会远离烦忧。

贪婪不只局限于对金钱的欲望,对权力的渴求同样可以唤醒内心深处贪婪的本性。贪财的人不因得到财富而满足,恋官的人也不因得到禄位而遂愿。贪婪者的心犹如宇宙中的黑洞，无论什么东西只要进入它的范围，就会瞬间被吞噬，而不会留下任何痕迹，并立即做好吞噬新猎物的准备。

贪婪的基础是自私。初始的愿望也许只是顿有所餐，夜有归宿，但是这种人永远不会向后看，当衣暖食饱以后，他就会羡慕并且希望超过那些生活得比他更好的人，所以贪婪之徒经常处于浮躁的状态之中，心灵无法安宁。

贪婪者内心的善念，随着欲望的增加而减少，而恶念则一次比一次更加卑劣。欺骗只能谋取少量的钱财，攫取巨额财富必须施展大的阴谋，所以贪婪是恶行的催化剂。没有一颗贪婪之心不希望从石头里榨出油来，如果尸骨也能炼出银子，他们会毫不犹豫地将它们投入熔炉。"夺泥燕口，削铁针头，刮金佛面细搜求，无中觅有"，这正是一切贪婪之徒的画像。有人认为贪婪之徒必是凶狠丑恶、无所不为之徒，这是毫无疑问的，尽管他们中的有些人戴着一副道貌岸然的面具。

"飞蛾性趋炎，见火不见我"，贪婪之徒终究不会有好的下场，愿所有希望灵魂得到安宁的人，远离贪婪。

第六章

静下来沉淀，让思维和格局日益精进

思维和格局的精进，让人生有更多可能

思想家梁启超曾说："变则通，通则久。"知变与应变的能力是一个人的素质问题，同时也是现代社会办事能力高低的一个很重要的考察标准。办事时要学会变通，不要总是直线思考，要放弃毫无意义的固执，这样才能更好地办成事情。

著名诗人苏轼的《题西林壁》一诗中有这样的名句："横看成岭侧成峰，远近高低各不同。"如果你陷入了思维的死角而不能自拔，不妨尝试一下改变思路，打破原有的思维定式，反其道而行之，开辟新的境界，这样才能找到新的出路。

马铭刚到一家企业做员工，公司为新员工提供一次内部培训。按惯例，作为培训前调研，新员工应该与该公司总经理进行一次深入的交流。这家公司的办公室在一幢豪华写字楼里，落地玻璃门窗，非常气派。交流中，马铭透过总经理办公室的窗子，无意间看到有来访客人因不留意，头撞到了高大明亮的玻璃大门。大约过了不到一刻钟，竟然又看到了另外一个客人在刚才同一个地方头撞玻璃。前台接待小姐忍不住笑了，那表情明显的含义是："这些人也真是的。走起路来，这么大的玻璃居然看不见，眼睛

到哪里去了？"

马铭知道，其实解决问题的方法很简单，那就是在这扇门上贴上一根横标志线，或贴一个公司标志图即可。然而，为什么这里多次出现问题就是没人来解决呢？问题的关键是，大家都习惯了固定的思维方式，不求变通。这一现象背后真正隐含着的是一个重要的解决问题的思维方式。

改变思路，重新审视我们的制度，才是解决问题的良方。

某市的一个生产品牌手机的工厂，有一组流水线上的工人，不断地进行改良和创新，把一个流程从两个多小时缩短到一分半钟。原来的BP机板是整个的，要切开以后再焊接，他们把第一步改成先焊接再切开，因为这样可以用机械手一次性焊成，大大缩短了时间。之后，他们不断改进，每一步都只有非常小的改变，但是每一步都很坚实，最后的结果是把流程从两个多小时缩短到了一分半钟。后来这组工人受到了品牌手机总部的奖励，并前往美国向全球的其他生产该品牌手机的工厂介绍经验。他们的经验在工厂内部得到了推广，极大地提高了生产率。

生产该品牌手机的工厂的绩效提升无疑是非常惊人的，而这个惊人的绩效提升不是来自多么大的改革，而只是来自一小步、一小步的改变。

"如果你讨厌一个人，那么，你就应该试着去爱他。"善于改变自己的思维，不按照常理去想问题，就会取得非同一般的成效。这就是说，换一种思维方式，就能够化解问题。

巴黎有一位漂亮女人，大选期间有人企图利用她的美色来拉拢一位代表投票。为了选举的公正，必须尽快找到这位美人，及早制止她的行动。但由于地址不详，担任这一寻找任务的上校经过 24 小时的努力，仍未掌握她的踪迹，急得坐卧不安。

这时，一位上尉来访，当即表示愿帮上校这个忙。上尉转身上街，找到一家大花店，让老板选一些鲜花，并让其帮助送给那位女人。老板一听美女的名字，把鲜花包装好后，举笔在纸上写下这位女人的地址，上尉轻而易举地获悉了这个女人的住处。

显然，上校用的办法是惯常的户籍查询、布控寻访等方式，故而费时费力而难见成效。上尉却善于改变思路，上尉思维的"终端目标"是美女的地址，那么，谁知道她的地址呢？显然是常光顾其门者——在公共人员中，送花人应是首选，因为美女总是与鲜花联系在一起的。

年轻人做事要讲变通，千万不能"在一棵树上吊死"。一招行不通时，就换另一招。只要肯改变思路去寻求变化，就一定能发现新出路。只有懂得变通，才可以灵活运用一切他所知道的事物，还可巧妙地运用他并不了解的事物，在恰当的时间内把应该做的事情处理好。

我们改变不了过去，但可以改变现在；我们很难改变环境与问题，但可以改变自己。擦亮你的眼睛，变换思维的角度，千变万化将由你驾驭。

要精也要进,再专业也得与时俱进

杰菲逊说:"一个人拥有了别人不可替代的能力,就会使自己立于不败之地。"是的,一个能在短时间内主动学习更多有关工作范围的知识、不单纯依赖公司培训、主动提高自身技能的人,就是公司不可替代的优秀员工。

当今社会是信息饱和与知识爆炸的时代,这使我们除了不断学习以适应这种社会环境之外,别无选择。现代科学技术发展的速度越来越快,新的科技知识和信息迅猛增加。有一些人在学士毕业、硕士毕业、博士毕业以后就以为自己的知识储备已经完成,足够去应付新时代的风风雨雨,但是事实往往并非如此。在现实社会中,只有那些不断更新自己知识,不断改进自身知识结构的人,才能真正在市场上站住脚。

人与机器的区别就在于人有自我更新的能力。如果你不能睁大双眼,以积极的心态去关注、学习新的知识与技能,那么你很快就会发现,你的价值被打了8折、7折、6折、5折,甚至一文不值。这一切也许在你茫然不觉的时候突然来临,因为不可能有一位会计会时刻为你做"折旧"财务报表提醒你,只有靠你自己主动给自己做账。

在当今时代,你如果每天不学习、不充电,那么很快就会被发展中的社会所淘汰。因此，无论何时何地，每一个现代人都不要忘记给自己充电。只有那些随时充实自己、为自己奠定雄厚基础的人，才能在竞争激烈的环境中生存下去。

只有严格要求自己、不断进取的人，才有资格与人比高下。一个颇有魄力的老总在公司的总结会上说了这样一段话：

"有一个外国公司，在开办新的分公司或增设分厂时，20世纪50年代出生的人，往往就任主管职位。如果现在公司任命你担任技术部长、厂长或分公司经理的话，你们会怎样回答？你会以'尽力回报公司对我的重用，作为一个厂长，我会生产优良产品，并好好训练员工'回答我，还是以'我能胜任厂长的职务，请安心地指派我吧'来马上回答呢？

"一直在公司工作，任职10年以上，有了10年以上工作经验的你们，平时不断地锻炼自己、不断地进修了吗？一旦被派往主管职位的时候，有跟外国任何公司一较高下、把工作做好的胆量吗？如果谁有把握，那么请举手。"

这位老总环顾了一下四周，发现没有人举手，他继续说："各位可能是由于谦虚，所以没有举手。到目前，很多深受公司、同行和社会称赞的主管，都是因为在委以重任时，表现优异。正是由于他们的领导，公司才有现在的发展，他们都是从年轻的时候起，就在自己的工作岗位上不断进修，不断磨炼自己，认真学习工作要领的人。当他们被委以重任时，能够充分发挥自己的力量，带来良好的成果。"

从这个例子中也可以看出，只有时常激励自己，不断努力，保持不断进取的精神，才能够在工作中更上一层楼。不断进步，不断学习，这一点无论何时何地都不能改变。

雄心的一半是沉稳，成功的一半是等待

有一位学者把年轻人分为三种截然不同的类型，认为他们在面对世界和自我时，呈现出的是完全不一样的状态。如果把生活的苦难或事业的磨炼比喻成沸腾的水，那么投入这三种人来进行锻炼，就会出现三种不同的结局。

第一种人，像一个生鸡蛋，放在水中后，一会儿就被煮熟了。但是煮熟了的鸡蛋会怎么样呢？去了壳之后，里面是硬邦邦的，变成了一个实心的、没有弹性的、缺少活力的熟鸡蛋。这种人在生活中就是那种常常抱怨且很暴躁的人，他们很固执、不柔软，和环境总是格格不入。

第二种人和第一种人正好相反，他们像一根胡萝卜，放在滚水里煮熟了之后，和环境很快就融合在一起了，但是他们不能碰，因为他们已经被煮得软绵绵的了，你一碰说不定就断了。这种人在生活中就是不断被同化的人，他们看上去和环境融合得非常好，实际上已经被环境改造得失去了自我。

第三种人，就像干茶叶。抓一把干茶叶放到滚水中会怎么样呢？茶叶在水中会渐渐舒展，变得非常滋润，最奇妙的是，经过滚水相煎，竟然可以飘出缕缕茶香。这种人就是和生活互相改变、互相成全的人。他们用自己的力量改变了周围环境，也完成了自己生命的旅程。

这实在是一个美妙的比喻，生鸡蛋虽然变得强硬却无法与世界交融，胡萝卜虽然与环境相融却失去自我，唯有干茶叶能够在释放自己的同时，与沸水融为一体，并改变水的味道。可见，唯有你成全世界，世界才会成全你。

现在，有一些年轻人的心态总有些浮躁，做事急于求成，不愿意踏踏实实地努力，总想走捷径、抄近路。一遇到挫折、坎坷，他们不是反省自己的努力够不够、能力够不够，而是先抱怨生不逢时，没有一个公平合理的环境让自己去打拼。他们就像一个煮熟的鸡蛋，坚硬固执，不愿意为环境做丝毫的改变。又或者有一些人已经在职场打拼多年，早已没了刚入社会时的棱角，他们处世圆滑，做事情敷衍塞责，总存着蒙混过关、得过且过的侥幸心理，他们不但缺乏工作热情，也在日渐飞逝的时光中消磨着自己的理想。这种人像被煮软的胡萝卜，外强中干，并早已迷失了自我，丧失了应对世界的能力。

年轻人在职场中要想有所成就，首先就要沉下心来，要甘于并乐于做能够芬芳四溢的干茶叶。简而言之，人生的很多不圆满只能由自己去化解。就像那句俗语所说："自己的梦总还是得自己圆。"我们只能在拯救自己的同时,用努力和诚意去打动上天,所谓"自助者天助",说的也是这个意思。

有一个关于美孚石油公司的故事,故事发生在1947年。

美孚石油公司董事长贝里奇到开普敦巡视工作。在卫生间里,他看到一位黑人小伙子正跪在地上擦洗污黑的水渍,并且每擦一下,就虔诚地叩一下头。贝里奇感到很奇怪,问他为什么要这样做,黑人小伙子答道:"我在感谢一位圣人。"

贝里奇好奇地问他:"为什么要感谢那位圣人?"小伙子说:"是他帮助我找到了这份工作,让我终于有了饭吃。"贝里奇笑了,说:"我也曾经遇到过一位圣人,他使我成了美孚石油公司的董事长,你想见见他吗?"小伙子说:"我是个孤儿,从小靠教会养大,我一直都想报答养育过我的人。这位圣人如果能让我吃饱之后,还有余钱,我很愿意去拜访他。"

贝里奇说:"南非有一座有名的山。据我所知,那上面住着一位圣人,他能给人指点迷津,凡是遇到他的人都会有很好的发展前途。20年前,我到南非时登上过那座山,正巧遇上他,并得到了他的指点。如果你愿意去拜访他,我可以向你的经理说情,准你一个月的假。"这位小伙子是个虔诚的教徒,很相信,他在谢过贝里奇后就上路了。

在30天的时间里,他一路披荆斩棘,风餐露宿,终于登上了那座白雪皑皑的大山。然而,他在山顶徘徊了一整天,除了自己,没有遇到任何人,他不得不失望地回来了。当他见到贝里奇后,说的第一句话就是:"董事长先生,一路上我处处留意,但直到山顶,我发现,除我之外,根本没发现什么圣人。"贝里奇说:"你说得很对,这个世界上能够挽救你的圣人,就是你自己。"

20年后,这位黑人小伙子成为美孚石油公司开普敦分公司的总经理,他的名字叫贾姆讷。

我们是做一个披荆斩棘、风餐露宿解救自己的勇者,还是做一个故步自封、妥协于环境的人呢?对于年轻人来说,该如何选择,应该是不言而喻的吧。

以"正确的动机"面对竞争

生活中总是存在这样那样的规则,不会因为我们没有察觉就消失,更不会因为我们的无知就轻而易举地宽恕我们。因此我们要步步留神,一旦你不小心碰触了这些隐蔽的雷区,等待你的也许就是毁灭性的打击。

孙兴是一名名牌大学毕业生,他到一家大公司去应聘,被录用了。而后,他主动找到公司主管,说自己不怕苦累,只是希望能到挣钱更多的岗位上工作。原因是他家庭条件一般,想帮父母多分担一些。主管很欣赏他,把他调到了营销部当推销员。因为这家公司生产的健身器材很畅销,推销员都是按销售业绩计算收入,因此尽管孙兴是个新手,但他吃苦耐劳、聪颖好学,一年下来,得到的薪金比其他部门的员工多出好几倍。由此,他也就下定决心在营销部干下去。

时间长了,他渐渐发现了营销部一些工作上的疏漏,管理也不规范。因此他除了不断加强与客户的联系外,还把心思用到了营销部的管理上,经常向经理提出一些意见,希望凭借自己的才能得到上司的赏识。对此,经理总是回答说:"你提出的意见很好,可我现在实在太忙了,抽不开身,改进工作等以后再慢慢来吧。"经过几次和经理谈话,孙兴发现一个秘密,那就是营销部墙上的组织结构图中有副经理一职,可他到营销部已近半年,却从未见过副经理,难怪部里有些工作无人管理。

随后,孙兴通过打听了解到,营销部副经理的薪金高过推销员好几倍。于是,他萌发了担任营销部副经理一职的想法。想了就干,"初生牛犊不怕虎",有抱负又何惧众所周知?于是在一次营销部全体员工会议上,他坦陈了自己的想法,经理当众表扬并肯定了他。可没想到,自那次会议后,孙兴的处境却越来越被动了。他初来乍到,并不知道那个副经理之职已有许多人在暗中等待和争夺,迟迟没有定下来的原因就在于此。而孙兴的到来,开始并未引起人们的关注,因他只是个"小雏",羽翼未丰,不足为惧。但时间一长,他频频问鼎此事,又加之他有学历,人们便感到他的威胁了。这次他又公然地要争这个职位,无疑是捅了马蜂窝,大家越看他越觉得可恶。一时间,控告他的材料堆满了经理的办公桌，如"孙兴不讲内部规定踩了我客户的点""他泄露了我们的价格底线""他抢了我正在谈判中的生意"……这些控告中的任何一项都是一个推销员所承受不了的。于是，为了安定部里的情绪，不致影响营销任务，经理与人事部门商定，一纸通牒，让孙兴"心不甘，情不愿"地离开了该公司。

孙兴的遭遇对于当代许多人来说，实在是一堂生动的教育课。是的，"志当存高远"，一个年轻人，志向就应该远大高尚。但是，如果自恃有远大抱负就目空一切、咄咄逼人，那只会招来更多人的厌恶、鄙视和攻击。失去了别人的支持和帮助，再大的志向、再高的才能又有什么用呢？倒不如把这些高远的志愿埋在心里，低调做人，平和行事。这样避免了纷争，反倒更利于立身、处世。

从底层往上爬，打破常规会获得更多机会

在人的身体和心灵里面，有一种永不堕落、永不败坏、永不腐蚀的东西，这便是潜伏着的巨大力量。而一切真实、友爱、公道与正义，也都存在于生命潜能中。每个人体内都存在着巨大的潜能，这种力量一旦被唤醒，即便在最卑微的生命中它也能像酵母一样，对人的身心起发酵净化作用，增强人的力量。

潜能不仅能够开发，而且能被创造。那么，人的潜能到底可

以开发到何种程度呢？相信下面的故事会给你一个答案。

一块铁块的最佳用途是什么呢？第一个人是个技艺不纯熟的铁匠，而且没有要提高技艺的雄心壮志。在他的眼中，这块铁块的最佳用途莫过于把它制成马掌，他为此还自鸣得意。他认为这块粗铁块每千克只值两三分钱，所以不值得花太多的时间和精力去加工它。他强健的肌肉和三脚猫的技术已经把这块铁的价值从1美元提高到10美元了，所以对此他很满意。

此时，来了一个磨刀匠，他受过一点儿更好的训练，有一点儿雄心和更高的眼光。他对铁匠说："这就是你在那块铁里见到的一切吗？给我一块铁，让我来告诉你，头脑、技艺和辛劳能把它变成什么。"他对这块粗铁看得更深些，他研究过很多煅冶的工序，他有工具，有压磨抛光的轮子，有烧制的炉子。于是，铁块被熔化掉，碳化成钢，然后被取出来，经过煅冶被加热到白热状态，然后又被投入冷水中增强韧性，最后又被细致耐心地进行压磨抛光。当所有这些都完成之后，奇迹出现了，它竟然变成了价值2000美元的刀片。铁匠惊讶万分，因为自己只能做出价值仅10美元的粗制马掌。而经过提炼加工，这块铁的价值已被大大提高了。

另一个工匠看了磨刀匠的出色成果后说："如果依你的技术做不出更好的产品，那么能做成刀片也已经相当不错了。但是你应该明白这块铁的价值你连一半都还没挖掘出来，它还有更好的用途。我研究过铁，知道它里面藏着什么，知道能用它做出什么来。"

与前两个工匠相比,这个工匠的技艺更精湛,眼光也更犀利。他受过更好的训练,有更高的理想和更坚韧的意志力,他能更深入地看到这块铁的分子——不再局限于马掌和刀片,他用显微镜般精确的双眼把生铁变成了最精致的绣花针。他已使磨刀匠的产品的价值翻了数倍,他认为他已经榨尽了这块铁的价值。当然,制作精致的绣花针需要有比制作刀片更精细的工序和更高超的技艺。

但是,这时又来了一个技艺更高超的工匠,他的头脑更灵活,手艺更精湛,也更有耐心,而且受过顶级训练。他对马掌、刀片、绣花针不屑一顾,他用这块铁做成了精细的钟表发条。别的工匠只能看到价值仅几千美元的刀片或绣花针,而他那双犀利的眼睛却看到了价值10万美元的产品。

也许你会认为故事应该结束了,然而,故事还没有结束,又一个更出色的工匠出现了。他告诉我们,这块生铁还没有物尽其用,他可以让这块铁造出更有价值的东西。在他的眼里,即使钟表发条也算不上上乘之作。他知道用这种生铁可以制成一种弹性物质,而一般粗通冶金学的人是无能为力的。他知道,如果锻造时再细心些,它就不会再坚硬锋利,而会变成一种特殊的金属,拥有许多新的特质。

这个工匠用一种犀利的眼光看出,钟表发条的每一道制作工序都还可以改进,每一个加工步骤都还能更完善,金属质地也还可以再精益求精，它的每一条纤维、每一个纹理都能做得更完善。于是，他采用了许多精加工和细致锻造的工序，成功地把他的产品变成了几乎看不见的精细的游丝线圈。一番艰苦劳作之后，他梦想成真，把仅值1美元的铁块变成了价值100万美元的产品，同样重量的黄金的价格都比不上它。

但是，铁块的价值还没有完全被发掘，还有一个工匠，他的工艺水平已是登峰造极。他拿来一块铁，精雕细刻之下所呈现出的东西使钟表发条和游丝线圈都黯然失色。待他的工作完成之后，别人见到了牙医常用来钩出最细微牙神经的精致钩状物。1千克这种柔细的带钩钢丝——如果能收集到的话——要比黄金贵几百倍。

铁块尚有如此挖掘不尽的财富，何况人呢？我们每个人的体内都隐藏着无限丰富的生命能量，只要我们不断去开发，它就可以是无限大的。

一个人一旦能对其潜能加以有效地运用，他的生命便永远不会陷于贫困的境地。要想把你的潜能完全激发出来，首先你必须要自信，这样你才可能一往无前地继续下去，直至你的能量被毫无保留地释放出来。

"勇往直前"是这个世界上遗留过一些痕迹的人的共同格言。当杜邦对法拉格海军少将报告他没有攻下查理士登城，并为之寻找种种借口时，少将严肃地予以了回击："还有一个理由你不曾提及，那就是，你根本不相信你自己可以把它攻下！"

能够成就伟业的，永远是那些相信自己能力的人，那些敢于想人所不敢想、为人所不敢为的人，那些不怕孤立的人，那些勇敢而有创造力、往前人所未曾往的人。无畏的气概，富于创造的精神，是所有勇往直前的伟人的特征，一切陈旧与落后的东西，他们都从不放在眼里。

敢于打破常规，并且按自己的道路一往无前地走下去，是许多伟大人物的共同特征。拿破仑在横扫全欧时，更是置一切以前的战法于不顾，敢于破坏一切战事的先例。格兰特将军在作战时，不按照军事学书本上的战争先例行事，然而正是他推动了美国南北战争的结束。有毅力、有创造精神的人，总是先例的破坏者。只有懦弱、胆小、无用的人，才不敢破坏常规，他们只知道循规蹈矩、墨守成规。在罗斯福眼里，白宫的先例、政治的习惯，全都失去了效力。无论在什么位置上——警监、州长、副总统、总统，他都能坚持"做我自己"。他身上所散发出来的那种无畏的力量大半来自于此。皮切尔·勃洛克在大名鼎盛时，数百名年轻牧师竞相模仿他的风度、姿态、语气，但在这些模仿者中间，却没有人成就过什么。模仿他人是永远不可能成功的，无论被模仿的人如何成功、多么伟大。因为成功是创造出来的，它是一种自我表现。一个人一旦远离他"自己"，他就失败了。

在这个世界上，那些模仿者、尾随人后者、循行旧轨者绝不受人欢迎。世界需要有创造能力的人，需要那种能够脱离旧轨道、闯入新境地的人。只要是有固定见解并且一往无前的人，就会到处都有他的出路，到处都需要他，因为只有他们才可以发挥全部的潜能去获取成功。

能够带着你向目标迈进的力量就蕴藏在你的体内，蕴蓄在你的潜能、你的胆量、你的坚韧力、你的决心、你的创造精神及你的品性中！

打造习惯，让优秀变得轻而易举

上帝问人，世界上什么事最难。人说挣钱最难，上帝摇头。人说哥德巴赫猜想，上帝又摇头。人说我放弃，你告诉我吧。上帝神秘地说是认识自己并且修正自己的弱点。的确，那些富于思想的哲学家也都这么说。

发现自己的弱点并克服它确实很难。理由繁多，因人而异，但是所有理由都源于两点：害怕发现弱点，害怕修正自己。

就像一个不规则的木桶一样，任何一个区域都有"最短的木板"，它有可能是某个人，或是某个行业，或是某件事情。聪明的人应该把它迅速找出来，并抓紧做长补齐，否则它带给你的损失可能是毁灭性的。很多时候，往往就是因为一个环节出了问题而毁了所有的努力。

对于个人来说，下面的弱点是人们最有可能出现的短板。

1. 陋习

毫无疑问，不良的习惯可以说是每个人最大的缺陷之一，因为习惯会通过一再地重复，由细线变成粗线，再变成绳索，再经过强化重复的动作，绳索又变成链子，最后，定型成了不可迁移的不良个性。

人们在分分秒秒中无意识地培养习惯，这是人的天性。因此，让我们仔细回顾一下，我们平时都培养了什么习惯？因为有可能这些习惯使我们臣服，拖我们的后腿。

诸如懒散、熬夜刷剧、嗜酒如命及其他各式各样的习惯，有时要浪费我们大量的时间，而这些无聊的习惯占用的时间越多，留给我们自己可利用的时间就越少。这时的不良习惯就像寄生在我们身上的病毒，慢慢地吞噬着我们的精力与生命，这时的习惯就成了一个人最大的缺陷，成了阻碍个人成功的主要因素。

所以，习惯有时是很可怕的，习惯对人类的影响，远远超过大多数人的理解，人类的行为95%是通过习惯做出的。事实上，成功者与失败者之间唯一的差别在于他们拥有不一样的习惯。一个人的坏习惯越多，离成功就越远。

2. 犯错

如果一个人在同一个问题上接连不断地犯错误，比如丢三落四，这是任何一个成功人士都不能容忍的。一个不会在失败中吸取教训的人是不配把"失败是成功之母"挂在嘴边的。不管是否具备吸取教训的意识还是能力，它都是一个人获取成功道路上的致命缺陷。

有一些人不管是在学习还是在工作中,犯错误的频率总是比一般人高。他们做事情总是马虎大意、毛毛躁躁。对他们而言,把一件事做错比把一件事做对容易得多,而且每当出现错误时,他们通常的反应都只是:"真是的,又错了,真是倒霉啊!"

把犯错归结为坏运气是他们一向的态度,或许他们没有责任心,做事不够仔细认真,或许他们没有找到做事的正确方式,但无论出于哪一点,如果他们没有改正错误,这都将给他们的成功带来巨大的障碍。

3. 马虎

一位伟人曾经说过:"轻率和疏忽所造成的祸患将超乎人们的想象。"许多人之所以失败,往往因为他们马虎大意、鲁莽轻率。

在宾夕法尼亚州的一个小镇上,曾经因为筑堤工程质量要求不严格,石基建设和设计不符,结果导致许多居民死于非命——堤岸溃决,全镇都被淹没。建筑时小小的误差,可以使整幢建筑物倒塌;不经意抛在地上的烟蒂,可以使整幢房屋甚至整个村庄化为灰烬。

鉴于我们这些可知的和未知的缺点,我们一定要学会修正自己,这本身就是一种能力。

4. 不谨言慎行

自己的言行对做事成功是必要的,虽然人们不用匕首,但人们的语言有时比匕首还厉害。一则法国谚语说,语言的伤害比刺刀的伤害更可怕。那些溜到嘴边的刺人的反驳，如果说出来，可能会使对方伤心痛肺。

孔子认为，君子欲讷于言而敏于行。即君子做人，总是行动在人之前，语言在人之后。克制自己，谨言慎行是做事最基本的功夫。

而在这个世界上，那些谦虚豁达能够克制自己的人总能赢得更多的知己，那些妄自尊大、小看别人、高看自己的人总是令别人反感，最终在交往中使自己到处碰壁。

所以无论在什么情况下我们都要学会克制自己、修正自己。只有这样，我们才能够提高自己的能力，才能修复我们生活中的"短板"，才会受到别人的欢迎，才能做好我们要做的事。

永远不要停下学习的步伐

有时候，白眼、冷遇、嘲讽会让弱者低头走开，但对强者而言，这也是另一种幸运和动力。所以美国人常开玩笑说，正是因为刺激，才"造就"出了杜鲁门总统。

故事是这样流传的：在读高中毕业班时，查理·罗斯是最受老师宠爱的学生。他的英文老师布朗小姐，年轻漂亮，富有吸引力，是校园里最受学生欢迎的老师。同学们都知道查理深得布朗小姐的青睐，他们在背后笑他说，查理将来若不成为一个人物，布朗小姐是不会原谅他的。

在毕业典礼上，当查理走上台去领取毕业证书时，受人爱戴的布朗小姐站起身来，当众吻了一下查理，向他来了个出人意料的祝贺。当时，人们本以为会发生哄笑、骚动，结果却是一片静默和沮丧。

许多毕业生，尤其是男孩子们，对布朗小姐这样不怕难为情地公开表示自己的偏爱感到愤恨。不错，查理作为学生代表在毕业典礼上致告别词，也曾担任过学生年刊的主编，还曾是"老师的宝贝"，但这就足以使他获得如此之高的荣耀吗？典礼过后，有几个男生包围了布朗小姐，为首的一个质问她为什么如此明显地冷落别的学生。

"查理是靠自己的努力赢得了我特别的赏识，如果你们有出色的表现，我也会吻你们的。"布朗小姐微笑着说。男孩们得到了些安慰，查理却感到了更大的压力。他已经引起了别人的忌妒，并成为少数学生攻击的目标。他决心毕业后一定要用自己的行动证明自己值得布朗小姐报之一吻。毕业之后的几年内，他异常勤奋，先进入了报界，后来终于大有作为，被杜鲁门总统亲自任命为白宫负责出版事务的首席秘书。

当然，查理被挑选担任这一职务也并非偶然。原来，在毕业典礼后带领男生包围布朗小姐，并告诉她自己感到受冷落的那个男孩子正是杜鲁门本人。

查理就职后的第一件事，就是接通布朗小姐的电话，向她转述美国总统的问话:"您还记得我未曾获得的那个吻吗?我现在所做的能够得到您的奖赏吗?"

生活中,当我们遭到冷遇时,不必沮丧、不必愤恨,唯有尽全力赢得成功,才是最好的答复与反击。当有人刺激了我们的自尊心,伤害到我们的心灵时,强烈批驳别人不如思考自己什么地方还需要完善。

有个喜欢与人争辩的学者,在研究过辩论术,听过无数次的辩论,并关注它们的影响之后,得出了一个结论:世上只有一种方法能从争辩中得到最大的利益——那就是停止争辩。你最好避免争辩,就像避免战争或毒蛇那样。

这个结论告诉我们:反击别人不如自我休战。争辩中的赢不是真赢,它带来的只是暂时的胜利和口头的快感,它会导致他人的不满,影响你与他人之间的关系,更重要的是,在争辩中失利的人不会发自内心地承认自己的失败,所以你的说服和辩论统统徒劳无功,无助于事情的解决。

有一种人,反应快,口才好,心思灵敏,在生活或工作中和别人有利益或意见的冲突时,往往能充分发挥辩才,把对方辩得哑口无言。可是,我们为什么一定要与对方辩论到底,以证明是他错了?这么做除了能得到一时的快意之外还有什么呢?这样能使他喜欢我们或是能让我们签订合同吗?事实并非如此,要想拥有良好的人际关系,要想使自己在事业上游刃有余,在朋友中广受欢迎,在家庭中和睦相处,我们最好永远不要试图通过争辩去赢得口头上的胜利。

反击别人，除了互相伤害以外，我们都不会得到任何好处。这是因为，就算我们将对方驳得体无完肤、一无是处，那又怎样？我们只是使他觉得自惭形秽、低人一等，我们伤了他的自尊，他不会心悦诚服地承认我们的胜利。即使表面上不得不承认我们胜了，但心里会从此埋下怨恨的种子，所以还不如用那些时间来做有意义的事情。

放下身段，才能抬高身价

真正有大智慧和大才华的人，必定是低调的人。

才华和智慧像悬在精神深处的皎洁明月，早已照彻了他们的心性。他们行走在尘世间，眼神是慈祥的，脸色是和蔼的，腰身是谦恭的，心底是平和的，灵魂是宁静的。正所谓，大智慧大智若愚，大才华朴实无华。

高声叫嚷的，是内心虚弱的人；招摇显摆的，是骄矜浅薄的人；上蹿下跳的，是奸邪阴险的人。他们急切地想掩饰什么，急迫地想夸耀什么，急躁地想篡取什么，于是，这个世界因他们而咋咋呼呼、纷纷扰扰。

这些虚荣狂傲之辈、浅陋无知之徒，像风中止不住的幡，像水里摁不下的葫芦，他们是不容易沉静下来的。

低调的人，一辈子像喝茶，水是沸的、心是静的，一几、一壶、一人、一幽谷，浅斟慢品，任尘世浮华，似眼前不绝升腾的水雾，氤氲、缭绕、飘散。

有这样一个故事：南美独立战争期间的一个冬天，在某兵营的一个工地上，一位班长正指挥几个士兵安装一根大梁："加油，孩子们！大梁已经动了，再使把劲儿，加油！"

这时，一个衣着朴素的军官路过这里，见班长这个架势便问他："你为什么不和大家一起动手呢？"

"先生，我是班长！"班长骄傲地回答。

"噢，你是班长……"军官说了一声，立即下马，和士兵一起干了起来。

大梁装好后，军官对班长说："班长先生，如果您还有什么同样的任务，并且需要人手的话，您尽管吩咐本司令好了，我会帮助您的士兵的。"

班长顿时愣住了。原来这位军官就是南美独立战争的著名领袖和统帅：西蒙·玻利瓦尔。

西蒙·玻利瓦尔崇尚的是一种低调人生。在人类的发展史上，类似西蒙·玻利瓦尔这样的事例真是不胜枚举。低调似乎是世界上很多名人硕士欣赏和采取的一种共同的人生态度。

低调，是因为他们高瞻远瞩高屋建瓴，胸襟开阔眼光辽远，清楚地知道山外有山天外有天；低调是因为他们涵养渊深思想成熟，悟事精深学识广博，明白地洞悉趾高气扬指手画脚并不能主宰世事浮沉。

低调不是虚假的谦虚，久之，虚假的谦虚会使人失去锋芒；低调不是刻意的沉默，久之，刻意的沉默会使人沦为麻木；低调不是伪装的谨慎，久之，伪装的谨慎会使人扭捏作态；低调不是板结的成熟，久之，板结的成熟会使人错过良机。

低调是一种精于世事的生存方式，精于世事的人才能接纳异己容蓄不同为己所用，给别人方便的同时也给了自己机会；

低调是一种扎实稳健的进取过程，扎实稳健的人才能进退自如八面来风无为而无不为。

"输得起"也是一种能力

谁都不愿意失败，因为失败意味着以前的努力将付诸东流，意味着一次机会的丧失。不过，一生平顺、没遇到过失败的人恐怕是少之又少。所有人都存在谈败色变的心理，然而，若从不同的角度来看，失败其实是一种必要的过程，也是一种必要的投资。数学家习惯称失败为"或然率"，科学家则称之为"实验"。如果没有前面一次又一次的"失败"，哪有后面所谓的"成功"呢？

美国人做过一个有趣的调查，发现在所有企业家中平均有三次破产的记录，即使是世界顶尖的一流选手，失败的次数也丝毫不比成功的次数"逊色"。例如，著名的全垒打王贝比路斯，同时也是被三振最多的纪录保持人。

大学毕业后的张霄进入一家大型公司工作。由于踏实肯干、能力突出，没几年就做到了市场部经理的位置，他的前途一片光明，心情自然是春风得意。

天有不测风云，没过多久，公司出于战略调整的考虑，撤销了市场部，张霄的经理职务也自然就没有了，他在一夜之间沦为一个普通的业务员。张霄难以接受这一现实，心情低落，对工作也没了热情，甚至有了得过且过的想法。

一天下班后，张霄被总经理叫住，约他到郊外爬山。他们费了好大的精力才爬到山顶。正当张霄迷惑不解的时候，总经理指着远处的一座高山问道："你说咱们这座山和对面那座，哪个更高大？"他回答道："当然是那座山了，全市第一嘛！"

总经理缓缓地点了点头："那么我们现在怎么才能到达那座山的山顶上呢？"张霄怔了怔："先从这座山下去，再上那座山。"

总经理回过头来笑道："你说得很对！有时候人往低处走也不完全是坏事。你一定很希望我把你直接放在销售经理的职位上吧？其实，就像我们刚才说的，销售和市场也是两座山，除非你是天才，能直接跳过去；我们这些凡人只有一步一步去做才比较实际。更何况，在你面前的，不仅只有这两座山，远处还有许多更高的山呢！"

张霄明白了总经理的意图，回去之后，他开始主动学习销售方面的知识，慢慢又找回了以前的工作热情。一年后，他坐上了销售部经理的位子。两年后，他又成了总经理助理。

其实，失败并不可耻，不失败才是反常，重要的是面对失败的态度，是能反败为胜还是就此一蹶不振？杰出的企业领导者，绝不会因为失败而怀忧丧志，而是回过头来分析、检讨、改正，并从中发掘重生的契机。

许多人之所以能获得最后的胜利，只是缘于他们的屡败屡战。对于没有遇见过大失败的人，他们有时反而不知道什么是大胜利。

其实，若能把失败当成人生必修的功课，你会发现大部分的失败都会给你带来一些意想不到的好处。

不做物质的富人，精神的穷人

人生一世没有欲望是不行的，没有金钱也是不行的，但不要成为欲望和金钱的奴隶。我们应该控制自己的欲望，合理地赚取和使用金钱。

常言道：知足常乐。然而，生活中有些人却永远也不懂得知足，他们总是在满足了一个欲望的同时，又想得到更多、拥有更多，欲望也就会持续地膨胀。这永无止境的贪婪，最终会彻底毁灭一个人。

钱是身外之物，生不带来死不带去。在现实生活中，金钱和欲望往往是紧密相连的，金钱是水，欲望是船。水落船低，水涨船高。有多少金钱，就会产生多大的欲望，这是普通人的心理，如果你想超越普通人，就要抛弃这种欲望无边的心理。

金钱是衡量生活质量的指标之一。一个起码的道理是，在这个货币社会里，没有钱就无法生存，钱太少就要为生存操心。贫穷肯定是不幸的，而金钱可以使人免于贫穷。

在一定限度内，钱的增多还可以提高生活质量，改善衣食住行及医疗、教育、文化、旅游等各方面的条件。但是请注意，是在一定限度内，超出了这个限度，金钱对于生活质量的作用就呈递减的趋势。原因就在于，一个人的身体构造决定了他真正需要和能够享用的有限的物质生活资料，多出来的部分只是奢华和摆设。基本上可以用小康的概念来标示上面所说的限度。从贫困到小康是物质生活的飞跃，从小康再往上，金钱带来的物质生活的满足就逐渐减弱了，直至趋于零。单就个人物质生活来说，一个亿万富翁与一个千万富翁之间差别不会太大，钱超过了一定数量，便成了抽象的数字。

第七章

静下来治愈，不慌不忙变坚强

没有人比你自己还值得你深爱

如果说爱是一门艺术,那么,恰如其分的自爱便是一种素质,唯有具备这种素质的人才能成为爱的艺术家。人生在世,不能没有朋友,在所有朋友中,不能缺了最重要的一个,那就是自己。

自爱者才能爱人,富裕者才能馈赠。给人以生命欢乐的人,必是自己充满着生命欢乐的人。一个不爱自己的人,既不会是一个可爱的人,也不可能真正爱别人。

能否和自己做朋友,关键在于有没有一个更高的自我,这个自我以理性的态度关爱着那个在世上奋斗的自我。有的人不爱自己,一味自怨,仿佛是自己的仇人;有的人爱自己,但没有理性,一味自恋,俨然是自己的情人。在这两种场合中,更高的自我都是缺席的。

我们有时一样,想变成任何一种人,体验任何一种生活,甚至也愿意变成一只苍蝇,但前提是能够变回自己。归根结底,我们终究更愿意是自己本身。

如同肉体的痛苦一样,精神的痛苦也是无法分担的。别人的关爱最多只能转移你对痛苦的注意力,却不能改变痛苦的实质。

甚至在一场共同承受的苦难中，每个人也必须独自承担自己的那一份痛苦。

一个我们不得不忍受的别人的罪恶仿佛是命运，一个我们不得不忍受的别人的痛苦却几乎是罪恶。当你遭受巨大的痛苦时，你要自爱，懂得自己忍受，尽量不用你的痛苦去搅扰别人。

爱自己的人对自己非常接纳与欣赏，他无论成功与失败都和自己站在一起；爱自己的人从来不需要借助表现或表演来获得他人的认可；爱自己的人没有自责，没有罪恶感；爱自己的人觉得自己不亏欠任何人；爱自己的人不骄傲不浮夸，不贬低他人。

爱自己的人觉得全世界都是可爱的；爱自己的人也许不给自己买新衣服，不去做按摩SPA，但他的内在却有一种新鲜活泼的品质、一种爱的品质、一种美的品质，让所有经过他的人都能感觉到，都想亲近他。

社会一直教育说我们不够好，于是，我们永不停歇地想要改造自己，并由此衍生出改造他人及改造世界。所有改造的努力都源自不接纳，觉得自己有"问题"。

爱自己，我们要爱的不是那个"自我"，而是我们的"真我"——我们内在那个闪闪发亮的钻石般的本质。

在去除了外在所有的名声、地位、金钱、相貌等之后，每个人内在的本质都是一样的，由此而生出的自爱，其实是一个了悟，一个知道，即：你知道自己内在有闪光的自己，而同时你也知道，别人的内在和你一样。

一个真正爱自己的人，是爱别人也爱世界的。他/她不需要证明给谁看他/她是值得被爱的，因为，他/她的内在就是爱本身，他/她的浑身都充满了爱，散发着爱的光芒，而这样的一个人，全世界都会来爱他/她。此所谓"爱人者，人恒爱之"。因此，一个爱自己的人，是一个爱世界的人，也是被世界所爱的人。

战胜消沉，以热爱的姿态走向一切

美国总统罗斯福是一个有缺陷的人，小时候他是一个脆弱胆小的学生，在学校课堂里总显露出一种惊惧的表情。他呼吸时就像喘大气一样；如果被喊起来背诵，立即会双腿发抖，嘴唇也颤动不已，回答起来，含含糊糊，吞吞吐吐，然后颓然地坐下来。

罗斯福没有在缺陷面前退缩和消沉，而是充分、全面地认识自己，在意识到自我缺陷的同时，能正确地评价自己，在顽强之中抗争。他从来不欺骗自己，认为自己是勇敢、强壮或好看的。他用行动来证明自己可以克服先天的障碍而得到成功。凡是他能克服的缺点他便克服，不能克服的他便加以利用。通过演讲，他学会了如何利用一种假声，掩饰他那无人不知的龅牙，以及他的打桩工人的姿态。他没有洪亮的声音或是威严的姿态，他也不像有些人那样具有惊人的辞令，然而在当时，他却是最有力量的演说家之一。不因缺憾而气馁,甚至将它加以利用,变为资本和扶梯而登上名誉巅峰。在晚年,已经很少有人知道他曾有严重的缺憾。

原本有这样的残缺,罗斯福应该有理由感到消沉才是,但是他没有,相反,他振作起来,战胜消沉,激情飞扬地面对人生。

消沉是一种很严重的负面情绪,不要小看它可能对你产生的影响。

你得好好照顾你的情绪,因为它们能使你的人生充满活力。如果你想尽量不出现负面情绪,那么就得具备一些积极的信念。你得经常运用你的情绪,把那些消极行动信号转化为积极的行动。别忘了,不管你的感受是否舒服,它们都是你所认知的结果,每当你有不舒服的感受时,问问自己这个问题:这件事还有没有其他的解释?这是你掌握情绪的首要步骤。

重视你的各种情绪,并且学会感谢它们提供的信息,因为这使你有机会学会怎样在短时间内改变自己的人生。永远不要把痛苦的情绪当成敌人,其实它们只是告诉你一个信息,你有些地方需要改一改。

当你沉浸在消沉中,不知该怎么办时,不妨试试下面的方法:

出去走走。当我们低落的时候我们趋向于把自己封闭起来并且减少和外部世界的交流。尝试在白天出去走走,环境的改变会使你有所改观,而且外面也有其他对你有益的东西,比如阳光和能改善你情绪的安多芬。

听些音乐,可以放一些乐观的音乐。是不是非要听那种流行音乐不重要,越轻松愉快越有趣越好。

做一些创造性的事情。消沉和创造力之间有某种联系。尝试让自己创作些有艺术涵养的东西。可以写诗、画画、做模型、摄影、设计时装、设计网页……这些具有创造力的事情能让你迅速从消沉中爬起来。

独自去散步,给荒芜的生活一点儿"颜色"

朱自清先生曾说,独自散步的妙是:"什么都可以想,什么都可以不想,便觉得是个自由"。

徐志摩先生也说:"真正的旅行是一个人的旅行,只有一个人的旅行才能心自由,静思默想。"

当然,和爱人一起,与几个知己做伴,去散步、去郊游、去旅行,别有一番乐趣,可以欢声笑语、饱享天伦之乐;可以随意倾谈、私语;可以情意缠绵,恣意放纵……但最有价值、最有趣、最让人惬意神往的却是在大自然的怀抱里独自散步。

闹市熙攘,滚滚红尘,我们常感到在嘈杂的世间非常寂寞。此时,我们应该到郊外的山林间、小溪边独自散步,让杳无人迹的旷野把我们的心变得像蓝天一样广阔。潺潺流淌的小溪为我们弹起动听的乐曲；幽香的花为我们绽放着淳朴的笑容；旖旎的杨柳为我们拽动着婀娜的腰肢；远山为我们呈现着深思的静默。而一潭明净的湖水，粼粼波光洗涤着我们心灵的芜杂，畦畦整齐的田垄唤起我们对童年乡村的亲切回忆，唤回我们被数年来漫漫尘垢所污染的纯真……

"我不是不爱人类，但我更爱自然。"此时，拜伦的诗句便在我们心中奏出超脱的回音。还有写了一生美丽诗行的诗翁泰戈尔，他的名句又一次出现在我们的心田，"不要鲜艳的花朵，炫目的花朵是会瞬间凋零的；不要油亮的绿叶，摇曳的绿叶是会随风飘零的；只有沉甸甸的无华的果实才是谦逊地低着颈的"。

独自散步乡间，我们内心充实，浮想联翩。我们融入大自然孕育、培植的美景中，可以自由自在地与天空、光、白云、绿树、青草对话，与自己的心灵絮语。我们可以不与包装了的感情敷衍，不与绷紧了的脸孔微笑，不与修饰了的言辞应付，不与虚假了的客套周旋。

那在傍晚的湖中赤条条的游泳者，他们跳跃在岸边迎着和煦的风呐喊着对生命的赞美；那些手执长线、步履舒缓、眼望晴空的放风筝的人，他们悠闲的神态、淡泊的目光，流露出他们对生活的眷恋；那在草间徜徉的长发披肩的歌手，那震颤在天空的豪迈的歌声，诉说着心灵的颤动……独自散步，和他们邂逅相逢，无言无语，却在对视一笑中达到一种会心的默契与共鸣。

在熙攘中我们感到寂寞，在孤独中我们变得充实——这是马克思所钦佩并为朋友的海涅的诗句,拜伦也有过类似的咏叹。前贤已逝,杳影难觅,我只有独自散步,追其踪迹……

找到新模式,彻底化解自卑

曾经有一个心理学家说过:世界上没有完全不自卑的人。

自卑是我们生活中常见的情结,和自信、自恋一样,都是来源于我们对自我的认知。但是我们发现,自卑给人带来的常常是不快乐和愤懑等不良情绪。

现代社会里,竞争中的失败会导致忌妒,更会导致自卑。自卑使人在人际交往中往往表现出缺乏自信、退缩的特征,因此,自卑成了交往中的严重障碍。

很多人因为自卑而和所爱的人失之交臂,因为自卑导致事业上的失败,因为自卑导致人际交往不顺利……

自卑像是一个魔咒,沾上它的人注定不会顺利。

在人际交往中,除了极少数人有生理或心理上的缺陷之外,绝大多数人都与常人毫无两样。然而,这绝大多数的人却有着非常严重的自卑心理,这只能以自我认识不足来解释。实际上,人自认为是怎样一个人比他真正是怎样一个人更为重要,因为每个人都是按他认为自己是怎样一个人而行动的。自卑者正是自认为自己能力差，从而表现出更多的自卑心理，产生自卑感。自我认识的不足会使自卑的人形成"我很难成功"的消极自我暗示，从而抑制了自己能力的发挥，最终导致活动的失败。而这种失败又印证了其不正确的自我认识使其陷入恶性循环而不能自拔。

心理学家调查发现，自卑与内向就像一对孪生兄弟，总是紧密联系在一起。在人际交往中，性格内向的人总是很害羞，与人打交道容易脸红心跳，影响人际交往。而且，内向的人很敏感，觉得别人瞧不起自己，所以总是采取退缩、回避的态度，使自己远离交际，这样久而久之就会形成自卑。

虽然很多人是在经受挫折之后形成自卑的，但是挫折通常并不直接导致自卑。我们看到过、听到过许多失败之后又东山再起、走向成功的人。"失败是成功之母"这句话成立的前提是失败者能够正确地认识失败，正确地对失败进行归因，若对挫折的错误归因则会直接导致自卑的形成。任何一次失败总是有很多内部和外部的原因，比如，可能是工作难度太大或外界条件不完善，也可能是自己努力不够或者运气不佳等。将失败归因于上述几点是不会形成自卑的，而一旦将失败归因于自己"能力不够"，并且抱定这个原因不放手，不去寻求其他的解释与借口，就会使一个人不再想念自己的能力，从而形成自卑。

自卑会抑制个人能力的发挥和潜能的挖掘，更会严重地影响人际交往活动，因此，采取必要的措施使自己从自卑的陷阱中走出是十分必要的。

世界上许多成功人物之所以能做成大事，走的就是这条超越自卑的路。事实上，自卑的超越需要动力的升华，对由挫折、自卑到成功卓越的人士来说，它们是互相关联、互相依存的。

自卑者首先应该正确认识自己，擅于发现自己的长处，看到别人的短处。客观地评价自己和他人，与他人进行合理的社会比较，从而肯定自己的能力，克服自卑。

不完美也有滋有味

谁都知道世界上没有十全十美的事物。如果明知是不存在的东西，却要千方百计地想得到，那么为此所付出的努力只会付诸东流。因此，及早地放弃不存在的事物要好过紧抓虚幻枉度一生。

当我们接受事物美好的部分时，也要接受它有瑕疵的那一部分。如果没有了瑕疵，反而显不出美来，所以有瑕疵的美玉才显得更加真实。这就好比人们都希望自己的生活里都是幸福而没有烦恼，其实如果没有了烦恼，你反而不知道幸福应该是什么样子了。所以，我们承受的痛苦越大，克服了困难以后所得到的幸福感也就越大；同样，没有了幸福，我们也同样不知道痛苦的滋味为何了。

断臂维纳斯的塑像非常美，曾经有不少人为她设计过多种多样的手臂，但没有一尊有手臂的维纳斯能胜过断臂的维纳斯。断臂的维纳斯是人们心目中美的象征。

完美的确是很美好的一种境界，但是，要知道有得必有失，人在追求一样东西时，必定会失去另一样东西。在追求"完美生活"的同时，你就已经失去了完美与自由、也体会不到生活的快乐和释然，反而会让光阴白白流逝。其实追求完美，就是给自己的人生层层设卡，为自己制造一个思想枷锁将自己束缚。

在我们的一生中，总有些不尽如人意之处，有些甚至是无法逆转的。对于这些，我们明知摆脱不掉，却依然耿耿于怀，那样就会更加痛苦不堪。

生活总是不能圆满的，它总会给人生留下很多空隙，这其中最大的空隙就是理想与现实的距离。也许你想成为太阳，可你却只是一颗星星；也许你想成为一棵大树，可你却只是一株小草；也许你想成为大河，可你却只是一渺小的山溪。于是你很自卑，总以为命运在捉弄自己。其实和别人一样，你也是一道风景，也有阳光，也有空气，也有寒来暑往，甚至有别人未曾见过的一株青草，有别人未曾听过的一阵虫鸣。做不了太阳，就做星辰，让自己发热发光；做不了大树，就做小草，以自己的绿色装点希望；做不了伟人，就做实在的小人物，平凡并不自卑。要知道，在变成天鹅之前，我们每个人都是一只丑小鸭。

人生就像一个盛满酸、甜、苦、辣、咸的五味瓶，生活本身也是如此，假如我们的瓶子里装的只是一些糖，那么人生就太过于单调乏味了。如果人生没有挫折与失败，没有难过与哀伤，那就像探险家到动物园里看老虎一样，枯燥无味。美绝不是一张没有瑕疵的白纸，而是一幅有暖色也有冷色的画；美不仅是阳光明媚的春天，还是春华秋实、冬雪寒风的四季轮回。断臂维纳斯之所以能成为世人心目中美的象征，就是因为她展示出了一种永恒的美——缺陷。

天下没有十全十美的事。人生有瑕疵才显得真实，也才显得珍贵。让我们善待生命的瑕疵，以宽容之心回归本位看自己，以豁达之心面对生活，我们便会与欢乐相伴，与幸福相随。

做一个内心有光的人

忧郁是人负面情绪中的一种，是一种精神疾病，它会啃噬人们的心灵，让人变得消沉。在我们的生活中，总会有这样那样的事情，让我们觉得忧郁，或者陷入情绪的低潮当中。例如，当我们在工作中没有取得预期的成绩、和爱人发生口角，又或者是性格比较敏感的人容易受到周围事物的影响，因为天气、季节的变迁而感伤，这样的时刻，忧郁就会入侵我们的心灵，让我们无法适从、心情低落甚至哭泣。

虽然偶尔的忧郁也算是对生活的一种调节，但是长期陷入忧郁的情绪，对我们的生活有百害而无一利。

长期处于忧郁中，会让你的情绪始终低落，当你情绪处于低潮期，你就很难对身边的事情提起精神来，于是，你看很多事情都是灰蒙蒙的，即便明明是具有可期待意义的事情，在你那里也变成了味同嚼蜡，这是一种糟糕的现象。

当你被忧郁缠身，你就像被罩在沾满了灰尘的玻璃罩子中一样，看不清外面世界的蓝天白云，更听不见鸟雀的婉转歌唱。

导致抑郁的原因主要是性格原因，有些人总习惯用悲观、消极、绝望的观点看问题，不自觉地具有自卑心理，常常用一个忧郁的假设支配着自己的思想，认为自己处处不如别人，例如当看见别人取得某种成功，就会想"人家有本事，我不能跟人家比"；如果自己遇到挫折，不去从根本上找原因，而是想"我的运气本来就不好"；如果自己无意中有了过失，别人并没有计较，或者早已忘掉了，自己还忧心忡忡，担心别人对自己有看法、有成见。他们过分注意别人的脸色，以至于更加束手束脚、不敢行事，或者自暴自弃，不能有所进取。做事时常常灰心大于信心，对失败只认为"早知道结果会是这样"，对事物只抓住它的消极部分，并牢牢记住；把发生的一切不顺心的事的原因，包括别人所干的事，都归诸自己，即使外出，正巧天气不好，也会自认倒霉。这样的心理投射导致忧郁者始终无法走出阴影。

那么如何向忧郁告别呢？

做喜欢的工作，会增加对自身能力的信心，会因看到希望和前途而重新振作起来；凡事要努力看到事物的光明面不把事物看成是非黑即白，遇到不愉快的事，要从好处和积极方面着想，以微笑面对痛苦，以乐观战胜困难；不要拘泥于自我这个小天地里，应该置身于集体之中，多与人沟通，多交朋友，尤其多和精力充沛、充满活力的人相处。这些洋溢着生命活力的人会使你更多地感受到事物的光明和美好；要善于向知心朋友、家人诉说自己不愉快的事；当处于极其悲哀的痛苦中，要学会哭泣。另外，多参加文体活动、写日记、写不寄出的信等，都可以帮助消除紧张心理，避免过度抑郁。

忧郁是啃噬人心灵的蛀虫，向忧郁说再见才能使生活变得更阳光。

悲伤不会消失，却会变淡

每个人的生活都会遇见痛苦，每当这时就会有人安慰你"别傻了，放下吧"或者"别想了，看开点"。可是，我们似乎充耳不闻，继续沉浸在自己的情绪中无法自拔。

为什么这些情感上、生活上的痛苦会如此让人纠结？为什么我们会被这些情绪左右？为什么当我们觉得悲苦的时候，再看任何人任何事，都觉得灰蒙蒙的？

人生之路原本没有平坦可言，是人就要感受痛苦，而且感受各不相同，但它受到情绪的控制。当心情好的时候，看世界是美丽的；当状态不佳的时候，眼前的景色就变成了一片昏暗，人就进入了孤独的世界。

痛苦是一座熔炉，它能熔化掉人身上的杂质。当痛苦的时候，你的心可能因痛苦而善良，你的目光可能因痛苦而深邃，你的襟怀可能因痛苦而坦荡；痛苦是一块生命的试金石，有痛苦说明心在不停地探索着，有痛苦意味着一粒希望的种子在心中萌动。世界上没有痛苦，人就没有卑微的幸福；没有痛苦，人的心灵就永远无法成熟。哲人在痛苦中孕育，诗人在痛苦中诞生，豪杰在痛苦中崛起，雪茄客在痛苦的时候造就巴山雪夜咖啡馆的风情。

很多人在快乐之后觉得痛苦、失落，感叹"好日子再长久一点就好了"。此时，要相信生活，让自己学会在生活中创造快乐和幸福。比如回忆以前的快乐时光、看看路边的花花草草等，保持积极、开放的心态，快乐依然还会再次到来。但是如果你始终沉浸在消极的情绪中，你将永远都走不出这张悲苦的网。

生活中有痛苦是很正常的，因为我们追求了幸福，必然有个痛苦在等着我们。我们往往只需要幸福不需要痛苦，所以我们就没有承受能力，一点事情来了就会痛苦万分。我们应该知道生死无常，人生就像水结成的冰，太阳一照，它就要化掉。生老病死是跑不掉的，我们应该看开，应该放下。只要放下看开，痛苦就会远离你，因为痛苦是我们自己的心情所创造的。

人生的际遇本就是苦乐参半，没尝过苦涩的滋味，哪知甘美的清甜？没有苦就没有乐，苦乐的循环为这平凡的人生带来了生气，添上了色彩。

俗话说：山道弯弯，人生的道路怎么可能一路平坦呢。即使是一位有伟大成就的人，或者是生活条件很优越的人，他都会有痛苦。这些痛苦来自很多方面：有不可抗拒的自然界痛苦和灾难，也有主观不经意酿就的人生酸楚的苦酒，还有一些特殊的个性痛苦和悲哀。总之，没有痛苦的人太少，没有痛苦的人也活不出人生的滋味。

也许有时候错的路也是可爱的路

生命如同一趟旅程，就像在爬山途中我们可能会遇见雨天或者雪天一样，我们无法控制生命中的那些坏事情。我们都是路人，边走边看，欣赏路边的风景，流着各自的眼泪。

聪明的人不会计较得失。某一刻，在某一个地点驻足回首，有一些足迹已经延伸至其他的方向，走出了视野之外，而自己的这条路，又有了许多新的脚步；

可是不够聪明的人，站在挫折中，却不知道该怎么办，就像在生命旅途中陷入沼泽一样，只能徒劳地挣扎甚至愤怒，无法自救。

实际上,生命中没有解不开的结,再糟糕的事情总是会过去。

当我们一路颠簸而来,再回头看看曾经让人伤怀难安的事情,总有另一番感叹,但是往事终究会随风飘散在空气中,我们能做的只能是一路欣赏。如若不然,我们只能守在悲苦中不知所措。

所有的挫折总会过去,就是再长的雨季终究会有放晴的那天,有时候乐观一点,雨季会过去得更早。也许就在下一分钟,你就会想到一个解决问题的绝妙主意。你和困难就像两个势均力敌的对峙者,谁也无法预料到最后的失败者是谁。

所以,面对挫折,你要有一个积极的心态。

一个人在工作和生活中会遇到各种障碍、困难,遭遇很多失败、痛苦,在挫折面前我们要相信,一切都会过去。在遭遇到挫折时,把自己的情感和精力转移到有益的活动中去,从而将不良情绪导往比较崇高的方向,使其得到升华,这是最为积极的办法。

就像贝多芬说的一样:"通过苦难,走向欢乐。"面对苦难和挫折,你要抬起头来,微笑对它,相信"这一切都会过去,今后会好起来"。

希望是不幸者的灵魂,向往美好的未来,是困难时最好的自我安慰。在多难而漫长的人生道路上,我们需要健康的心和灿烂的笑容。

苦难是一座没人愿意上的大学,但从那里毕业的都是强者,极为不易。在看似平坦的人生旅途中充满了种种荆棘,往往使人痛不欲生；在现在竞争日益加剧的社会里，挫折无处不在，若因一时挫折而放大痛苦，将会终生遗憾。

遭遇挫折就当它是一阵清风，让它从耳边轻吹过；遭遇挫折就当它为一道微不足道的小浪，不要让它在你心中激起惊涛骇浪；遭遇挫折就当它是你眼中的一粒灰尘，眨眨眼，流一滴泪，就足以将它淹没；遭遇挫折，不应放大痛苦，擦一擦额上的汗，擦一擦眼中的泪，继续前进吧！

可以有愤怒，但要自己能控制

愤怒是每个人都能体会到的情绪，因为它是一个古老而大众化的命题。

古今中外，每个人都有生气的时候，只是表达方式和生气的频率不一样罢了，有些人会忍而不发，而有些人则喜欢尽情地发泄；有人只是偶尔生气，而有人则每天都怒气冲冲。

"愤怒"是一种人之常情，是生活的一部分。

然而，过度的愤怒会对一个人产生巨大的负面影响，它会影响一个人的身体健康和工作生活的各个方面，给自己和别人都带来伤害。每个人都希望能快乐幸福、心境平和，但愤怒的潮水会将这一切淹没。

随着生活节奏的加快和工作压力的增大,愤怒已经越来越多地出现在我们的身边。另外,随着互联网的普及,人与人之间的交往也呈现出多层面、多样化的特点,人们获得信息的速度和广度也得到了惊人的提高。伴随着这一切,人与人之间的矛盾和冲突也越来越多,一个人生气的对象不再局限在身边,也不再局限在亲戚朋友中。

如今,两个从未谋面的人也可能会发生激烈的言语争执,千里之外的某件事也可能让我们火冒三丈、怒气难消。我们得到了更多的信息,我们也得到更多的负面刺激。我们有了更多样化的交往,但我们也有了更多的生气对象。

当我们愤怒时,或许会发泄或许会压抑;或许我们会觉得喉咙发紧,想呐喊;或许我们浑身发抖,肌肉紧张;又或者当下我们只想大哭一场。

愤怒这种情绪来得猛烈,迅捷而颇有摧毁力,很多时候,我们在愤怒的时候说的一些话和做的一些事,可能很快我们就会觉得后悔。但是在愤怒的当下,我们似乎毫无办法,只能被这种情绪控制。

而且,过度的愤怒除了带给人不快乐的情绪,更多的则是与成功无缘。愤怒会让你周围的人认为你喜怒无常,不敢委以重任或信赖你,因为显得你不够成熟。情绪化还会让你丧失判断力,冲动之下说出错话,做出错误的决定。

面对愤怒,我们怎样解开那个"结"呢?

生气是生活的一部分,就像记忆、幸福和同情一样,没有人会主动去选择生气。

如果你生气了,说明别人在某方面让你感到不满,但在更大程度上,生气反映了你本人的情况,比如你的性情,你看待世界的方式,你的生活是否稳定和谐,以及你是否擅于原谅别人,等等。

你不一定非要成为自己愤怒情绪的受害者,当世界没有像你希望的那样对待你时,你可以选择应对方式。

就像你可以选择自己衬衫的颜色,或者早餐吃什么,或者今天下午什么时间去跑步,同样,你也可以选择怎样表达自己的愤怒。此外,你还可以选择把多少昨天的愤怒带到将来,或者明天你可能会生多少气。

生气也和正面情绪一样,是你的表达。

这个道理说到这里就很简单了——当你生气的时候,是被他人所激怒,因为是他人的过错。但是你的生气,不管是从生理上还是心理上,惩罚的都是自己。

所以,愤怒是一种武器,别人塞给你,让你伤害自己,这时候我们为什么要受它摆布?不能深呼吸、平心静气地将那些烦心事排解出去吗?

所以说,愤怒是一把指向自己的剑。

试着让回忆淡如微风

我们每个人都无法摆脱过去,虽然这个过去里可能有很多让人不愉快的回忆,但是,过去的已然成为过去,不应该再被它伤害了。

但是很多人没办法做到这一点,尤其是自己生活中曾经发生过的事情,往往会萦绕在心头。美好的事情不忘,能造就自己美好的人生,反之,则不然。

不知哪位名人说过这样一句名言:喜剧型的性格创造喜剧人生,悲剧型的性格创造悲剧人生。其实在我们的生活中,有许多人的人生都是由自己的性格而决定的。

生活中难免会发生一些令人不愉快的事情,过去之后他总会去想,越想越压抑,越想越抑郁,越想越痛苦。比如老师说了他一句,他会一个星期忘不了;走路时摔了一跤,他会惦记绊他摔跤的东西;看到买同样的服装比别人多花了钱,他会耿耿于怀;大家同样的付出,人家能得到认可,而他没有,他会因此而产生忌妒……所有这些让人压抑、抑郁、痛苦的事,他总是自觉不自觉地去想。

生活即注意,我们生活中选择注意了什么,那么我们就会收获什么。比如说你只将目光关注于那些不愉快而又痛苦的事情,那你就注意不到那些本来能让你高兴的事情；同时，你也会给那些高兴的事情涂抹上不愉快和痛苦的色彩，而这时的你，就不再是一个性格开朗又直爽的人了，反而整个人都会显得无精打采。

每个人的生活经历中都会有失意、伤心、痛苦，如果我们不能适宜地调整，那就会在我们的心里生根、发芽、开花、结果。天长日久渐渐地就会像病菌一样在我们的体内蔓延，直到有一天引起我们心理上的障碍。那时，我们就会变得自卑、脆弱、忧郁。即便外面的世界很精彩，阳光很灿烂，充满了希望，而自己却情愿躲在自己的情感小窝里不断地折磨自己，让痛苦的回忆慢慢地消耗着自己的生命。

不自信的人往往就是在内心中储存了自己过多的失败经历，冷漠人的内心往往储存了过多的受伤经历，闷闷不乐的人往往储存了过多的消极情绪。这样，当我们的心灵抽屉里装满了这些时，就很难再装进其他的东西。此时，我们必须要学会整理自己的心情，抛弃那些不该有的消极情绪，把自信、自强、充实、信任等积极方面装进去，保持良好的心态，快乐地生活。

不快乐的过去，即便你再耿耿于怀也无济于事，你对它再懊恼、再悔恨都无法改变它。对于不可改变的事情，你若是耿耿于怀，结果只有一个，就是伤害现在的自己——用过去伤害过自己的事情对自己造成二次伤害。这样是不是得不偿失呢？

所以，如果你有一段不快乐的过去可千万记住，别让过去伤害你的今天和未来。

只要不曾后退，走慢一点儿又何妨

出色的人生总是伴随着失败和挫折，跌倒并不可怕，可怕的是偃旗息鼓。如果小孩儿在学走路时，因为害怕跌倒而拒绝，那么他永远都不可能学会走路，也会错过太多的人生美景。要知道，跌倒不过是下一次腾飞的开始。

中国有句俗语：失败是成功之母。你现在觉得让你痛不欲生难以面对的事情，实际上回过头来看看，对你来说是大有裨益的一次帮助。

人生不能没有教训，正如跌倒是每个婴儿学习走路必经的过程。不小心跌倒了，最好能不受伤害，更不要因为一时的失意而一蹶不振。人生的顺境、逆境，对于一个有智慧的人来说都是宝贵的经历。

跌倒是为了学会如何自己爬起来。看似很简单的一个哲理，很多人在现实生活中根本无法做到，那种内心的恐惧可以摧毁你想做的任何事情，摧毁你自己本身。跌倒可以累积经验，所以，跌倒不一定是坏事。孩子跌倒了，父母常常说："不要紧，不要紧，跌得多，长得快。"每个人的成长过程，就如学习骑脚踏车，总要跌倒好多次才能学会。

有些老年人还会自豪地说自己很会跌倒，因为他懂得跌倒时要双手紧抱，先以臀部着地，再往安全的地方斜靠。积累了很多的跌倒经验，就不怕跌倒；纵有跌倒，也会安全无恙。或许成长和小时候学习走路的经历是一样的，只有不断地摔倒，不断地爬起你才能学会。

　　对于我们来说最糟糕的事是什么？损失金钱、失去爱情、亲人离别、遭人陷害，还是被病痛折磨得够呛？不，这些都不是最糟糕的事，只要你的生命尚存气息，只要你还活在这个世界上，你就没有理由抱怨自己的现状太糟。除此之外，任何东西你失去了，哪怕你现在一无所有，也只不过是从头再来，没什么大不了。

　　人的一生是一段漫长的路程，不要因为一时的失败就否定自己，要有从头再来的勇气。要用平常心去看待人生中的起落，不能因为一次得失就断定一生的成败。人生的路上不可能一帆风顺，总有潮起潮落之时，有时失败也未必是坏事。没有昨天的失败，也许就未必有今天的成功。

　　人生最大的敌人是自己，只有敢于承认失败，敢于从头再来，才能最终战胜自己，战胜命运。面对失败，我们没什么可抱怨的，从哪里跌倒，就从哪里爬起来。

挫折也是一种骄傲

人生的冬天有时候可以用寒冷冰封一切，刺骨的寒冷让你几乎以为自己走不下去。然而许多身处黑暗的人，虽然磕磕碰碰，历经各种磨难，但最终走向了成功；而另一些人却往往被眼前的光明迷失了前进的方向，所以终生与成功无缘。

每个人都会经历人生的黑暗期，这些黑暗就是挫折和困难，它打击我们的自信，让我们看不清前方的路，但只要希望不灭，我们就会信念永存。

困境会磨砺人的意志，练就人的谨慎细心，也磨炼了人对成功的无限渴望。所以，困境就像黑暗，虽然每个人都不喜欢，但它却是一笔财富。困境中的人比一帆风顺的人更容易迈向成功，更容易听到成功的呼唤，就像黑暗中的人更容易感受光明的指引一样。

一次，拿破仑在与敌军作战时，遭遇顽强的抵抗，队伍损失惨重，形势非常危险。没有援军，自己的人员又日渐减少，许多人都以为这次必败无疑，但拿破仑没有放弃打胜仗的希望，他的雄心在困境中越发地被激起。

他准备带领士兵们冲锋的时候，一不小心掉入泥潭中，被弄得满身泥巴，狼狈不堪。可此时的拿破仑浑然不顾，内心只有一个信念，那就是无论如何也要打赢这场战斗。于是，拿破仑大吼一声"冲啊"，他手下的士兵被他坚强的意志所鼓舞，一时间，将士们群情激昂、奋勇当先，最终取得了战斗的最后胜利。

人一生会遇到很多逆境，但每遭受一次挫折，我们对生活的认识会更全面一点；每失败一次，我们对成功的觉悟会提高一阶；每不幸一次，我们对快乐的体会会深刻一层。所以，身处黑暗的逆境，我们更能找到自己的价值，发掘自己的潜能。当逆境出现，我们反而更不能丧失希望，而是要鼓励自己坚持走下去，因为逆境是赋予我们寻找自我价值的大好机会，黑暗中我们更能爆发潜力，冲破重围。

当你困惑时，当你身处逆境时，要不停地跟自己说：只要希望不灭，就一定能摆脱现状！在恶劣的情形中，只要专注于寻找出路，并相信自己必可跳出这个困局，就会摸索到机会，把危机化为转机。如果你被黑暗蒙蔽了双眼，失去了信念，放弃了自己的希望，那你就永远逃不出黑暗的魔爪。

你知道汽车轮胎为什么能在路上跑那么久、能承受那么多的颠簸吗？起初，人们想要制造一种轮胎，能够抗拒路上的颠簸，结果轮胎不久就被切成了碎条。然后他们又做出一种轮胎来，吸收了路上新碰到的各种压力，这样的轮胎可以"接受一切"。在曲折的人生旅途上，如果我们也能够承受所有的挫折和颠簸，能够化解与消除所有的困难与不幸，我们就能够活得更加长久，我们的人生之旅也会更加顺畅、更加开阔。

信念是溺水时的救生圈，只要不松手，希望就在

如果没有信念，那我们的一生只能沦于平庸。

信念其实不高，不过是困境中的一种心理寄托。就像是饥渴时的一个苹果，就算不吃只是看着，也足以让自己度过难耐的时刻；就像是溺水后的一个救生圈，只要牢牢抓住不放，坚定活下去的信心，就一定能看见生的希望。一个坚持自己信念的人，永远也不会被困难桎梏，因为信念是打开枷锁的钥匙，它可以将你从恶劣的现状中解救出来，还你意料之外的圆满结局。

正因为有美好的追求才诞生了无数斑斓的梦想，正因为有坚强的信念才催生了无数坚挺的身影。信念的力量是伟大的，它支持着人们生活，催促着人们奋斗，推动着人们进步，正是它，创造了世界上一个又一个的奇迹。在生命最脆弱的危急时刻，信念能让你爆发出超乎自己想象的力量。

小提琴家马莎患有癫痫症，一直以服药控制病情。直到有一天药物都不起作用了，医生无奈之下切除了她一部分脑叶。之后她动过许多次手术，但奇怪的是，每一次手术都没有影响她的演奏能力。后来医生才发现，原来在马莎很小的时候，她的大脑就已遭到破坏，原脑叶的演奏能力神奇地被其他脑叶所取代。

一个大脑遭到破坏的人竟有如此非凡的成就简直就是一个奇

迹，而这个奇迹的创造不得不说是由马莎坚强的信念所支撑而产生的。信念的力量是惊人的，它可以改变恶劣的现状，带给人们无限的希望，缔造令人难以置信的神话。一个没有信念，或者不坚持信念的人，只能平庸地过一生；而一个坚持信念的人，永远也不会被困难击倒。信念是推动一个人走向成功的动力，拥有信念的人永远不会被眼前的困难吓倒，也不会迷失前进的方向，因为他们的心里只有永不放弃的目标。

著名的胡达·克鲁斯老太太在70岁高龄之际才开始学习登山，别人都认为她的举动只不过是闹着玩玩，她那老迈的身体根本不可能登上多高的山峰。但老太太始终坚信一个人能做什么事不在于年龄的大小，而在于怎么做。她凭着自己坚定的信念，一次次突破生命的极限，最后她成功地登上了几座世界有名的高山。而且她还在95岁那年，成功登上了日本的富士山，打破了攀登此山年龄的最高纪录。

影响我们人生命运的绝不是环境，而是我们持有什么样的信念。当信念开始在心中矗立起来时，我们离成功的目标就越来越近了。

事实上，生活中谁都难免遭遇"溺水"的困境。无论遭受多少艰难，无论经历多少困苦，只要一个人的心中不失信念的力量，总有一天，他会突出重围，让生命之花绽放得更加灿烂。

第八章

静下来爱,谈一场不赶时间的恋爱

慢慢爱，有些事要用时间去证明

如果你去问一个懵懂无知的少年，世界上最可怕的是什么，他一定会说是逼他学习的老师，催他奋进的父母。可是，如果你去问一个风烛残年的老人，世界上最可怕的是什么，他多半会说是时间。

时间是这个世界上最公平、最无私、最绝情也最深情的东西。它的绝情在于，世间一切恩怨爱恨，几乎都可以随着它的流逝而被抚平。而它的深情也在于此，它让人们淡忘痴缠，让一切风轻云淡，如过眼云烟，而只留下淡淡的爱与哀愁常存心间。因此，人们对普希金的诗总是念念不忘，"而那过去了的，也终将成为亲切的怀恋"。

很久以前，一个小岛上住着快乐、悲哀、知识和爱以及其他各种情感。一天，情感们得知小岛快要下沉了，于是，大家都准备船只，离开小岛。只有爱留了下来，她想坚持到最后一刻。过了几天，小岛真的要下沉了，爱想请人帮忙。这时，富裕摇着一艘大船经过。爱说："富裕，你能带我走吗？"富裕答道："不，我的船上有许多金银财宝，没有你的位置。"爱看见虚荣在一艘华丽的小船上,说:"虚荣,帮帮我吧!""我帮不了你,你全身都湿透了,会弄脏我这漂亮的小船。"悲哀过来了,爱向它求助:"悲哀,让我跟你走吧!""哦……爱,我实在太悲哀了,想自己一个人待一会儿!"悲哀答道。快乐走过爱的身边,但是它太快乐了,竟然没有听见爱在叫它!

突然,一个声音传来:"过来!爱,我带你走。"这是一位长者。爱大喜过望,竟忘了问他的名字。登上陆地以后,长者独自走开了。爱对长者感恩不尽,问另一位叫作知识的长者:"帮我的那个人是谁?"知识长者答道:"它是时间。""时间?"爱问道,"为什么时间要帮我?"知识长者笑道:"因为只有时间才能理解爱有多么伟大。"

人生就像天气一样,原本就是变幻莫测的,有晴有雨,有风有雾,无论谁的人生都不可能一帆风顺。况且,真正一帆风顺的人生,就像是没有颜色的画面,苍白枯燥。所以,年轻时,生命给予我们的是痛苦、欢乐、尝试、挫折、失败……种种复杂、绚烂的感情繁花盛开般扑面袭来。然而,等我们老了的时候,回过头看自己的人生,开心的、伤心的,也都成了过眼云烟。一路走来,我们难免会有许多辛酸的泪水,欢乐的笑声。而当一切成为过去后,除了亲切的记忆与怀念,谁还记得曾经的痛苦与欢乐呢?如此说来,当我们爱一个人或恨一个人的时候,都不必急着去寻找答案。能够记得的,自然是回忆;记不住的,且让它随风飘逝吧。

既然一切都会过去,我们又何必执着于眼前的不幸呢?

相传，有一天，佛印禅师与苏东坡坐在船上把酒话禅，他们突然看到有人落水了！佛印马上跳入水中，把人救上岸来。被救的原来是一位少妇，佛印问她："你年纪轻轻，为什么要寻短见呢？""我刚结婚三年，丈夫就抛弃了我，孩子也死了，你说我活着还有什么意思？"佛印又问："三年前你是怎么过的？"少妇说："那时我无忧无虑、自由自在。""那时你有丈夫和孩子吗？""当然没有。""那你不过是被命运送回到了三年前。现在你又可以无忧无虑、自由自在了。"少妇揉了揉眼睛，觉得自己的人生恍如一梦。她想了想，向佛印道过谢后便走了。

三年前，少妇是快乐的；三年中，她有了丈夫和孩子的相伴，她也是幸福的；而三年后，失去了丈夫和孩子，她却陷入了痛苦的泥潭，不能自拔。三年前的快活犹在心中，却难以抵消三年后的苦恼。经佛印禅师指点，才明白所谓得到与失去，不过是人生的一段经历。

人生就如善变的天气，阴晴不定，这里既有莫测的苦，又有多彩的乐。从生到死，就像一场风吹过，走过春夏，卷过秋冬，走过悲欢，卷过聚散，走过红尘遗恨，卷过世间恩情。人生如梦，多少事将付诸笑谈。

想要看得开、忍得过、放得下，不妨把一切交给时间吧！它的无情与绝情有时候恰是对生命最公正的评判。

找个爱你但也有能力的伴侣

曾经有人做过一个调查，问题是：现代社会中理想伴侣的条件应该是什么？在答案公布之前，人们以为可能是钻石王老五，或者是才貌双全、德艺双馨、气如香兰的美女……但答案非常简单。很多人看了之后，不禁大跌眼镜。

那么，理想伴侣的条件究竟是什么呢？简而言之，就是八个字：带得出去，带得回来。这个条件看起来实在太简单了，但只要你仔细去想想就会发现，其实这八个字才是最难的。

我们可以看到，很多伴侣你把他（她）带到一个大的交际场上去了，他看到更美的、更年轻的、更漂亮的女人；她看到更有钱的、更英俊的、更有才华的男人。很多人当场就会交换名片，互留电话号码。通信设备如此发达，回去之后，短信飞来飞去，电话打来打去……聊着聊着就带不回来了。

昨天还是同床共枕的夫妻，很可能第二天就劳燕分飞，去民政局离婚了。试想我们连共同生活的人都不能再信任，我们还能相信谁呢？

一些国家是不允许离婚的。曾有一对夫妻，他们想要在一个这样的国家领取结婚证。当他们看到不能离婚的规定时，年轻人变得有点紧张。但好在这个国家的政策比较宽松，说是可以自由选择结婚的年限。所以,他们选择了一年的婚约。结果,当他们去缴费时,发现需要交纳高达600美元的结婚费。这让他们心里咯噔一下,并庆幸只选了一年的婚期。

在这一年中,他们互相磨合、适应,发现对方就是自己要找寻的可以成为终身伴侣的人。于是,他们在第二年又去续约自己的结婚年限。这一次,他们带上了自己全部的现金,因为上次选了一年的婚期都要那么多的钱,一辈子的婚期不知道要交纳多高昂的费用呢?结果,出乎意料的是,他们只交了五美分的费用。因为,如果他们愿意此生相守,就证明了他们彼此的信任与扶持将伴随整个的生命。因此,他们理应接受社会的祝福,也不需要交纳昂贵的费用。

其实,爱情与婚姻都不是某个人的付出或某个人的享受,而是需要两个人共同经营的一份事业。风雨中彼此扶持,阳光下共享欢笑。因为世界有爱,所以我们才能在有限的生命中坚持着走到最后。爱情不仅是甜蜜的选择,也是一种勇敢的承担。

有人说:"情如鱼水是夫妻双方最高的追求,但是我们都容易犯一个错误,即总认为自己是水,而对方是鱼。"长相守才能长相知,长相知才能不相疑。不论何时,都应牢记结婚时的约定,恋爱时的誓言:无论贫穷、疾病都不能把我们分开,直到死亡的来临。也唯有这份彼此的信任,才能让我们敢于把彼此带到富丽堂皇的宴会厅,带到热闹喧哗的大排档。而无论在哪里,无论身处何方,能够一起回家的感觉都应该是最大的幸福。

正如歌中所唱："我能想到最浪漫的事，就是和你一起慢慢变老。直到我们老得哪儿也去不了，你依然是我手心里的宝……"这种境界恐怕是现代人对爱情的最高企盼了吧。

总有一场温暖的相遇会来

还记得《基督山伯爵》里给人留下的启示吗？人生最重要的两件事：等待与希望。生活中，我们常常会发现，那些始终怀有追求和梦想的人，到最后多半都实现了自己的梦想；那些对生活从来不抱任何希望的人，到最后常常是固守一方，只知抱怨，永远也无法改变自己的生活。有时候，决定人们成败的不是智商的差别，而是心灵的思考与行动的差距。

从前，在一片茫茫的沙漠中有一个小村子，村中的人们守着一片绿洲过了几千年。偶尔，当沙漠中风沙四起，或者绿洲干涸时，村里的人便会遭受巨大的折磨。一代又一代的人总是抱怨着上天的不公平，却从未尝试从这里走出去。他们一直留在原地，并且固执地相信这片沙漠是走不出去的。

有一天，村子里来了一位云游四方的老禅师，人们围住他劝他不要再继续往前走，他们说："这片沙漠是走不出去的，我们祖祖辈辈都在这里，你就不要再去冒险了！"老禅师问："你们在这里生活得幸福吗？"村民们说："虽然环境有些险恶，但是也没有什么不可忍受的。没有幸福，也没有不幸福。"老禅师又问："那么你们有没有尝试走出这片沙漠呢？你们看，我不是走进来了吗？那就一定能走出去！"村民们反问："为什么要走出去呢？"老禅师摇摇头，拄着拐杖又上路了。他白天休息，晚上看着北斗星赶路。三天三夜之后，他走出了村民们几千年也没有走出的沙漠。

村民们接受了命运的安排，默默地承受着恶劣环境的折磨，甚至没有动过改变这种现实的念头，几千年来日复一日地过着相同的日子。"哀其不幸，怒其不争"，老禅师之所以摇头也正是为此。世界上很多事情并不是我们无法达成，而是在没有开始的时候，我们就先行放弃了。有时候，过不去的心表现为不去努力争取本来可以做到的事，而是随波逐流，空耗余生，就像上面的村民们一样；有时候，过不去的心表现为不愿意放弃我们曾经拥有的东西，比如财富、爱情，从经济学的角度讲，也就是不愿意放下沉没成本。

有一个关于前世今生的故事：

在很久以前，有个书生和未婚妻约好，在某年某月某日结婚。可是到了那一天，未婚妻竟嫁给了别人。书生受此打击，一病不起。家人用尽各种办法都无能为力，只能无奈地看着他奄奄一息，行将远去。

这时，一个云游僧人路过此地。在得知情况后，僧人决定点化一下书生。于是他来到书生的床前，从怀里摸出一面镜子让他看。书生看到茫茫大海，一名遇害的女子一丝不挂地躺在海滩上。路过一人，看一眼，摇摇头，离开了；又路过一人，看了看，将自己的衣服脱下来给女尸盖上，但是站了一会儿也离开了；又一位路人走来，挖下一个坑，小心翼翼地将尸体掩埋了。书生正在疑惑间，忽然看到画面切换：洞房花烛夜，自己的未婚妻被她的丈夫掀起盖头。书生不明所以，迷惑地望向僧人。

僧人解释说："海滩上的那具女尸，就是你未婚妻的前世，你是第二个路过的人，曾给过她一件衣服。她今生和你相恋，只为还你一个情。但她要报答一生一世的人，是最后那个把她掩埋的人，那个人就是她现在的丈夫。"书生大悟，刷地从床上坐起，病竟然痊愈了！

我们常说，"命里有时终须有，命里无时莫强求"，但事到临头，我们不是倒向"莫强求"的消极念头，就是倒向"不松手"的执着顽固。可尘世间的一切，都是无数因缘聚合而成，我们既要有追求的勇气，也要有懂得放手的睿智。只有这样，我们才能有一颗"得之我幸，失之我命"的平常心，也才能生出不被世俗牵绊的心，快快乐乐地过好幸福的生活。

我们都曾有过一场声势浩大的暗恋

暗恋,像小心翼翼躲在墙角观看一朵即将绽放的花蕾,几乎要屏住呼吸,心脏咚咚地跳着。

暗恋,就像一场无法醒来的梦。自己如一只辛勤的小蜘蛛,日夜织一张晶莹的网,每天每夜,日复一日,任自己在网中守着、念着、思着、痛着、恋着、苦着、甜着,却依然默默地等着。也许这等候真如歌中唱的那样"等你直到一万年"。可有什么办法呢?

有人说:"暗恋是一种痛苦,与其去用无限的时间等待一个不可能的结局,不如将自己解脱出来,去开启另一段美好的开始。"也许,得不到的永远都是最好的,在开始的那一刻起就已经不清楚自己到底什么时候才能停下来。"暗恋"的确带给我们数不尽的辛酸、流不完的眼泪,但同时它也给了我们不曾拥有的回忆,缤纷与暗淡交织、痛苦与欢乐的戏码不停地在上演,也许这个舞台上从来都没有他的身影,也许他只是一个生命中的过客。

暗恋是一次偶然的相遇就可以将对方记得清清楚楚,但是,初衷却不一定是喜欢。

暗恋是一反常态,用尽所有方法了解对方的所有信息,但是,得知这些信息却不一定向对方告白。

暗恋是希望每天都能在校园的某个地方看到他，细细地计算着看见对方的情景，将这些一一记录下来，充实自己每天睡前的生活。

暗恋是每天都会去对方待过的地方，期待对方再次出现在眼前，在期望实现的那一刻，所有的等待都是值得的。但是，等待却不一定期望对方的注意。

暗恋是当对方无意中看过你一眼，心跳就会很快，抑制不住的兴奋在脸上表现的一览无余。但是，却并不期望对方会喜欢上你。

世界上最遥远的距离，不是生与死的距离，而是我就站在你面前，你却不知道我爱你。

暗恋未必是一种痛苦，当我们回眸那些青涩的开始、那荒诞不经的过程，得来的却是一个不完整的结局，明知道我们是一条永远不可能交织的平行线，明知道我们一定会做熟悉的陌生人，明知道这样的恋情最后所有的承受者都只有自己，明知道这么大的舞台从头到尾都是一个人，但是，我们依然不后悔。

任何一种恋情都有它们最终的结果，都有各自坎坷的路去走。在这特殊的恋情的路上，不会有人陪我们走，不会有人帮我们铺平前面的道路，不会有人给我们雪中送炭，不会有一个肩膀给我们依靠，在这条特殊的路上，只有一些最最平凡的东西陪着我们。既然自己选择，那终有一种快乐支撑着走完这孤独的路程，看着别人都到达了各自幸福的港湾，可我们的前面却是一片漆黑，也许，到我们真正累的那一天，前面会有一个真正属于自己的幸福港湾，我们会去依靠，我们会停下来。但是我们永远都不会后悔。

因为暗恋也是一种幸福。

大胆去尝试，努力去爱

农历七夕是中国人的情人节。去年的那天清晨，小张起床后本想对爱人说声："节日快乐！谢谢你伴我度过这些年的风风雨雨……"，可话到嘴边说不出口，硬是咽回去了，弄得爱人有些莫名其妙。上午公司开会，接到一条手机短信，小张打开一看，竟是爱人小陈发来的，内容如下："老公，祝你节日快乐！愿我们朝着一个共同的目标，追求美好的生活，创造幸福的家庭！我爱你！"小张看着短信愣了半天，百感交集，眼泪几乎就要夺眶而出。他怕失态，借故去了一趟洗手间，好一会儿才回过神来。妻子是一个不善表达的人，结婚这么多年，妻子从来没有如此直白过，小张还没向她表白，她居然……他当时真的很感动，直到现在想起，心中依然是温馨一片。

有一位男生，大学时代喜欢上了邻班的一个女生，但只是站在远处看，却不敢向那女生表达。在一帮兄弟的怂恿下，每天去学校花园里偷摘一朵玫瑰送给那位女生，女孩也总是笑笑就接受了。都以为那女生很快就会答应做他的女朋友，但学校花园里的玫瑰就要被他摘完了，那女生也没有任何心动的迹象。男生想可能是那女生根本就不喜欢他，心想再死缠烂打也是徒然，还不如将这份感情藏在心里默默地祝福她。于是就停止了送玫瑰，当然也停止了追求。一直到大学毕业，都是什么话也没有说，然后就匆匆分别，各奔东西。几年以后，两人见面了，双方对过去的事情都已释然。于是就在旧友相见的寒暄之后，男生笑问女生当初为什么不接受他，女生说我一直都在等你的真心表白呀。男生说我送了那么多玫瑰还不是真心？女生却说，玫瑰虽好，但它不是爱情，爱情是要用"心"谈的……

我们虽然明白爱情总是会与玫瑰联系在一起，但那只是表象，更重要的是自己的心，爱一个人，就要勇敢地说出口。也许那女生根本无法了解她在男生心中的位置，她还一直认为男生并不爱她。是男生的表现让她得到了一种错误的结论，在男生的爱的港湾里根本就看不到她停靠的码头。也许是因为男生的不愿表达，使女生那颗敏感的心滋生出了很多不利于他们感情发展的误会，而不善表达的男生又从来不去向她示意或解释。直到后来男生才知道，正是因为自己从来就没有坦白、直接地告诉过女生"我爱你"，才让女生对自己那么没有信心，对他们的爱那么没有信心。

生活中我们可能过得了任何关卡却过不了"感情"这一关，这是因为女孩要让男孩明明白白地了解她的情感，当然，这份情感也是需要表达的。不管怎么样,想爱的人终是要向被爱的人坦白一切的。

有这么一个自古希腊流传下来的神话:相传人本是一种双头双面、四手四脚的灵物,后来造物的神惧怕人越来越聪明,便一刀将人劈成了两半,于是世界上就有了男与女,于是就注定他们一生都将苦苦寻觅自己的另一半,于是就有了无数的千古悲歌、海枯石烂及"乃敢与君绝"的呐喊,于是就有了许许多多凄婉哀怨的故事和更多的悲欢离合。既然我们在不同的场合、不同的地点,能遇到自己苦苦寻觅的另一半,那我们还要等什么呢?非要等到花儿也谢了再去痛惜吗?所以哪怕相隔万里,无论贫富贵贱、红颜白发,一旦遭遇,也要我中有你、你中有我。

勇敢地对你的心上人说出那句"我爱你",即使遭到拒绝,那又有什么关系呢?至少你爱过、表白过、争取过。

如果爱,请深爱

浪漫的爱情童话使我们相信,世界上每个青年男子,都有属于他的唯一恋人,每一个青年女子同样如此。他们认定这是上天注定的,除了对方,他们找不到更适合的伴侣,因此一旦相逢,必定坠入情网。但也有很多人过于相信唯美的爱情童话,而一直活在自己的世界里，以爱作幌子，只是想满足自己的需要，却从不考虑对方的感受。

有一位画家以其作品运用色彩技巧非凡、富有生命气息而闻名。人们看了他的画，都说他画得活灵活现、栩栩如生。的确，他的绘画技艺非常娴熟。他画的水果似乎在诱你取食，而他画布上开满春花的田野让你感觉身临其境，仿佛自己正徜徉在田野中，清风拂面、花香扑鼻。他画笔下的人，简直就是一个个有血有肉、能呼吸、有生命的人。

一天，这位技艺出众的画家遇见了一位美丽的女士，心中顿生爱慕之情。他细细打量她，和她攀谈，好感越来越深。他对她一片赞扬，殷勤关怀，无微不至，最终，女士答应嫁给他。

可是婚后不久，这位漂亮的女士就发现丈夫对她的兴趣只是从艺术出发而非来自爱情，他投入地欣赏她身上的古典美时，好像不是站在他矢志永远相爱的爱人面前，而是站在一件艺术品前。不久，他就表示非常渴望把她的稀世之美展现在画布上。于是，画家年轻美丽的妻子在画室里耐心地坐着，常常一坐就是几个小时，毫无怨言。日复一日，她顺从地坐着，脸上带着微笑，因为她爱他，希望他能从她的笑容和顺从中感受到她的爱。有时她真想大声对他说："爱我这个人，要我这个女人吧，别再把我当成一件物品来爱了！"但是她没有这样说，只说了些他爱听的话，因为她知道他绘这幅画时是多么快乐。画家是一位充满激情，既狂热又郁郁寡欢的人，他完全沉浸在绘画中，一点儿都没有发现画布上的人日益鲜润美好，而他美丽的模特脸上的血色却在逐渐消退。这幅画终于接近尾声了，画家的工作热情更为高涨。他的目光只是偶尔从画布移到仍然耐心地坐着的妻子身上。然而只要他多看她几眼，就会注意到妻子脸颊上的红晕消失了，嘴边的笑容也不见了，这些全部被他精心地转移到画布上去了。又过了几周，画家审视自己的作品，准备做最后的润色——嘴巴上还需用画笔轻轻抹一下，眼睛还需仔细地加点色彩。

妻子知道丈夫几乎已经完成了他的作品，精神抖擞了一阵子。当画完最后一笔时，倒退了几步，看着自己巧手匠心在画布上展示的一切，画家欣喜若狂！他站在那儿凝视着自己创作的艺术珍品，不禁高声喊道："这才是真正的生命！"说完他转向自己的爱人，却发现她已经死了。

画家活在自己的艺术里，没有体会到真正的爱，娶回了美丽的妻子，却像对待一件物品一样对待她。如果他的精神世界因为绘画而充实，那么他不适合结婚，也没有认真地生活。女人爱得太深，爱得毫无怨言，但真正的爱，绝不是无原则地接受，其中也包括必要的冲突、果断的拒绝、严厉的批评。

茜与丈夫结婚半年以来，一直在实行婚前制定的婚姻契约。结婚前，他们都认为婚姻契约和夫妻制是实现男女平等和婚姻自由的最高境界，这样可以保持恋爱时期的状态，可以在享受自由的同时感受不到婚姻的压力。他们都是新新人类，所以便效仿了这种"婚姻平等论"，两个人有相互独立的空间和自由，甚至各自的收入和开支都计算得很清楚。

茜以为这样的婚姻才是最幸福的，可是她却总也找不到一家人的感觉。结婚以后他们各自仍旧干着婚前各自的事情，很少在一起吃饭，唯一改变的就是每天可以见一面，但连这种亲密感似乎也不曾长久存在。丈夫与她越来越疏离，最近还常常很晚才回来，问他理由，他总是说忙，茜感到了一丝恐慌。

在一个寂寞的早晨，茜偶然在丈夫的枕头底下发现了一本厚厚的日记，她不是有意偷看，但按捺不住的好奇心驱使她打开了日记。

3月5日

结婚几个月了，我没有了那种新鲜的感觉。我仍旧还是我自己，我与她之间感觉不到渴望中的那种亲密，我不能拿她当成我自己……我不知道女朋友与老婆之间有什么区别，因为，直到现在我也没有感觉到老婆的存在，我也不知道这是怎么了……

4月7日

我的收入仍旧是自己掌管，有时候我主动买了一些东西，她也要给我划账。她说，她自己不是要靠男人养的那种女人，她自己的工资够她生活的了。我知道她的收入比我少，但我没有了做丈夫的感觉……

5月3日

好不容易放了七天假，她却出去玩了，我一个人在家。我在酒吧和朋友混了七天，突然觉得没有了她，我一样生活。我突然间感到了一种悲哀,我为我自己难过,结婚半年多了,我似乎仍是单身……

茜看着看着不由得哭了,她发现自己犯了一个致命错误。他是那种渴望家的男人,那种渴望做丈夫的男人,他要的不是平等,也不是所谓的自由,而是温暖。在他斯文的外表下面,有着一种征服与归属的欲望……而这些最简单的东西,自己却没能给他。这本日记也许是他故意留给她看的,也许是他在试着挽回他们的爱情。

晚上,茜破天荒地下厨给丈夫做了一桌美食。在此之前,她一直很反对女人归属厨房的理论,都是他在做饭。为了保持平等,她偶尔会给他洗衣服。

饭桌上,茜亲切地叫了丈夫一声"老公",而在此之前,他们一直互叫名字。茜说:"以后,你的钱让我管吧,因为我们得攒钱买房了。"丈夫笑了。她说:"你是男人,以后记得早回家,因为你是有老婆的人。"丈夫的眼睛里有了泪花,他问她是不是看了他的日记。她没有直接回答,只是说:"我明白了要怎样做你的老婆。"

婚姻自由的最高境界并不是靠契约来维持,太过追求自由,就会太在乎自己,而忘了用心去爱。一旦我们对爱情开出条件,爱就变成了市场上的交易。

从此以后，你睡在我的记忆里

恋爱是谷物酿成了甜酒，失恋是甜酒变成了酸醋。当甜酒变成了酸醋的时候，换一种方式去食用，依然不失为一份人生的美味。

有一件骇人听闻的事情：一个女孩毕业后找了一个男朋友，快到谈婚论嫁时，女孩突然不爱他了，于是提出了分手。她的男朋友非常痛苦，非常想不通，一气之下用哑铃将她砸死了。想到当年活泼开朗的她，竟如此不幸地结束了年轻的生命，而且残暴的凶手就是自己深爱过并曾经准备以身相许的人，每个人都会不禁唏嘘感叹不已。

像这种因失恋而丧失理智以致酿成悲剧的事情，这些年来常常会有所耳闻。我们为死者感到惋惜，更为悲剧的直接酿造者感到悲哀。难道就没有别的方式消解掉失恋的苦痛吗？难道爱的尽头就一定是恨吗？他们是否真正爱过，是否懂得什么是真正的爱情。真正懂得爱的真谛的人，即使失恋也绝不会怨恨和报复对方。

恋爱是一种感觉，相爱的人谁也不敢保证能让这种感觉停留多久，停留的时间决定了爱情的保质期。一旦感觉没有了，爱情的保质期也就过了，所有的山盟海誓也会自动失效。一个对你已经没有感觉的人，是很难回过头来继续爱你的，强行留住宣告死亡的爱情，是极不明智的行为。至于对提出分手者施以报复，那就更是愚蠢之至了。

有句话说得好，恋爱就是两个人拔河，只要一方放手，另一方必然摔倒、受伤。所以，在"拔河"开始的时候，双方都应该想一想，万一对方突然放手，自己应该怎么办；不得已放手的一方，则在放手之前，尽量设法保护对方，让对方尽可能摔得轻一点，伤得轻一点。

经历过失恋的人都知道，那确实是一种撕心裂肺的疼痛。但只要把爱理解得更透彻一点儿，疼痛就会减轻许多。是的，爱绝不会因为失恋而消失，消失的是两个人的爱情。分手了，你的爱依然可以完好地存在。你可以继续爱他，换一种方式——为你所爱的人祝福。如果你不愿意祝你所爱的人幸福，那就只能说明，你也不爱他了。既然两个人都不爱对方了，那就更加坦然一点儿吧。但最好的结局还是分手的双方，友好地分手，微笑着祝福。毕竟，聚也是缘，散也是缘，而彼此相爱的经历，会在记忆中永存。

细微之处方显真爱

在几米的爱情漫画中，很多生活中的细节，被一一描绘。原来，爱情就是一些感人的细节。爱情像是马赛克拼图，靠得太近了，不懂爱情的原貌；离得太远又会担心模糊或者遗失。

爱情的细节也许就像散落在生活中的珍珠，能用欣赏的眼光将它串起并珍藏的人才是幸福的。没有了那些平凡而动人的细节，爱情就没了载体。有了这些细节，爱情才会有血有肉，楚楚动人。

导演、演员及作家们竭尽所能地将爱情的伟大与永恒，阐述得淋漓尽致；可走下银幕的爱情，却往往是琐碎的，是一些没有情节激荡的重复，是一些锅碗瓢盆碰撞出的一堆堆细节。那些散落在锅碗瓢盆里的一颗颗珍珠，只有用欣赏的眼光将它们串联并珍藏的人，才能咀嚼其中的甘甜，感受它的幸福。

西方有句名谚："上帝存在于细节之中。"爱情何尝不是如此。有些人总认为结了婚就大局已定，万无一失了。其实，越是长久的婚姻，越不能忽视细节。细节是表现爱情亲密度的试剂：一句轻声的问候，一个善意的微笑，一种会心的关爱，甚至一滴爱怜的眼泪，也往往会让对方感动不已，为爱情增添精彩。所以，我们要珍视爱情，就要注重细节之美，懂得用细节去装扮爱情的空间。

现代社会中，又有多少人甘于远离尘世的喧嚣，静心去品味蕴含在日常生活中的爱情的真实呢？

爱情细节不是买999朵玫瑰，不是写一篇火热的情书那么简单，爱情的细节或许只是一个微小的习惯，表面看似乎是漫不经心，实际上却蕴含着丰富的情感，体现着爱侣的深情与厚意。

法国美女苏菲·玛索主演的《心火》中，她和男主人公十指紧扣的画面令人惊叹：原来手指也能表露出爱的缠绵。法国的爱情片，导演擅长运用大量优美的细节，每一个细节都是一种朴实的甜蜜。

杨绛先生说：我们只愿日常相守。杨先生如何将这般重大的人生课题，述说得如此平凡呢？那一定是杨先生相信，唯有爱情的细节，才能生存于朝朝夕夕之中，快乐皆源于此。她和钱钟书先生的爱情，不因生活困苦而失色，他们的爱情细节，也在那间简陋的小屋里放出迷人的光彩。

相信爱情的细节，珍惜爱情的细节。婚姻和爱情，要经得起平淡的考验，小小的细节，是使婚姻历久弥新的要诀所在。曾有一位先生写他家的保健秘籍：他每天为妻子揉脚，开始是为保健、治病，他照书查找各个穴位，再忙再累也不耽误。几年下来，妻子原来的一些小毛病全好了，面色红润，体态轻盈。是丈夫的细心体贴化作巨大的精神力量让妻子身心放松，因而才年轻、滋润。细节是爱情的血肉，有了细节，爱情才能润泽饱满，充满张力；享受爱情细节的女人才能容光焕发，丰盈动人，像一朵滋润美丽的花。所以，爱情是女人最好的化妆品，女人有了爱情的滋润，会显得特别迷人；男人有了爱情的动力，会显得特别有活力。

一蔬一饭，皆有感情

有一首歌叫作《一起吃苦的幸福》，是唱给处于逆境中的恋人的，歌曲很感人。但是在生活中，大多数夫妻的生活却是平淡的，无论恋爱时多么轰轰烈烈感天动地，一旦步入婚姻的殿堂，生活的琐碎很快就会让火热的激情降温，如果不好好呵护，也许感情就会出现裂痕，甚至会导致婚姻危机。

事实上，幸福对于一对夫妻来说并非那么遥不可及，如果他们能远离浮躁，在平淡的生活中品味出甜蜜的味道，婚姻就会变得固若金汤。

要想从平淡中悟出神奇，就要有一颗睿智的心。我们不可能天天吃苦，但我们必须天天吃饭，而对于一对夫妻来说，一起吃饭是有着别样含义的，因为在一张饭桌上吃饭的夫妻经过漫长岁月的积累后，会在不经意间流露出某种动人的温情。

有这样一对老夫妻，结婚30多年，平时各有各的爱好，互不干涉，但是每到吃饭时间，两人就会抛开一切赶回家，一起下厨，共享一顿可口的饭菜。有一次，朋友到他家做客，在饭桌上，妻子总是不断提醒丈夫某某菜可以多吃点，对于妻子的唠叨，丈夫不但不厌烦，还言听计从。夫妻俩在饭桌上还有一个奇怪的动作，丈夫时不时就会夹一筷子菜送到妻子碗里，而妻子就像没看见一样，低头就把菜吃掉了，很自然，很温情。

一起下厨做顿家常菜，然后一起吃饭是幸福的。一对夫妻无法计算一生中共同享用了多少顿饭菜，但浓浓的家的味道就在这小小饭桌上逐渐孕育成长，并逐渐成为根深蒂固无法割舍的事物。当一对夫妻从青年走到白头，一切都似乎物是人非了，但是一起吃饭的习惯再也无法改变，正是在这平凡的饮食之中，激情逐渐转化成了温情，爱情逐渐转化成了亲情，而这才是美满婚姻的本质，永远藏在看似平凡的点滴之间。

和恋人一起做饭是很幸福的事情，即使在那些很遥远的记忆里，依然觉得那是很温馨的片段。男人买菜洗菜，女人系上大大的围裙，翻炒熟菜。两人手忙脚乱、蹦蹦跳跳地在厨房转来转去，最后做出来的东西虽然比不上饭店，但两人也会幸福地吃个干净。

曾几何时，我们因为各自忙于事业或是娱乐，放弃了与爱人一起做饭、一同吃饭的机会，殊不知，我们所放弃的正是一种最原始的幸福积累，没有了这种积累，家会变得陌生，幸福也会逐渐远离，所以，请珍惜一起下厨、一起吃饭的幸福。

我们之间不近不远的距离

很多情侣，当他们身处两地时，情书频繁、缠绵悱恻，道不尽相思之情。可当他们同居一室时，那种感情反倒消失了，久而久之，争吵成了家常便饭。其实，这是因为爱情缺少喘息的机会。

有些女人喜欢围着丈夫转，她们对丈夫的起居了如指掌，并企图全盘掌握或影响丈夫的生活。丈夫有什么心事，必须跟她说；丈夫参加一个活动，必须向她汇报，恨不得变成丈夫肚子里的蛔虫才好。她们恨不得天天跟丈夫腻在一起，结果反而招来丈夫的厌烦。

在爱情中，制造距离永远是一种手段，也是一种追求幸福婚姻的技巧。

婚前的恋人在心理上是有一定距离的，因而双方总有一种神秘的吸引力和近于圣洁般的倾慕，双方心理上的敏感系数很高。一泓秋波荡漾，会使你心旷神怡；一个甜蜜的亲吻，会使你陶醉。

可是在婚后，夫妻之间的这种心理距离顷刻消失，原来的神秘感也随之消失，近乎圣洁的倾慕被习以为常所代替。这样，彼此变得麻木，心理敏感系数急剧下降，甚至连一点儿新鲜感也没有了。在婚姻生活中只要沉闷和苦恼积淀下来，爱情的兴致也就日趋淡薄，婚姻危机也就随之产生了。

李明太爱自己的丈夫了，同时还想牢牢地抓住丈夫。她为了支持丈夫的事业，放弃了自己的工作，使自己失去事业依托，而丈夫事业有成后，更是将人生所有的重心和希望都寄托于婚姻。然而因为过分地干涉彼此的空间，她越想抓牢婚姻就越是抓不牢，可以说正是这种心态导致了情感上的失败。

一般情况下，在丈夫真正成了气候之后，女人还在原地踏步时，就会有危机感，拼命想"抓紧"婚姻，比如干涉丈夫的生活，除了管生活小事，还要管他的钱包、查看他的短信，就连对方的工作都恨不得插一手，管来管去两个人的感情越来越糟，可是她们往往意识不到自己有什么问题，反而觉得理所应当，她们认为自己为这个家、为对方付出了一切，当然应该享受这份婚姻，享受到丈夫更多的爱，更可怕的是因为对自己缺乏信心、害怕失去对方，便无休止地怀疑和猜忌。

可是她们忘了，她们的爱已经成为一种沉重的枷锁，套在了男人的身上，对方已经感觉不到一丝爱的甜蜜。其实，女人看重婚姻本没有什么错，只是当你越想牢牢地掌控婚姻、拴住男人的时候，婚姻却越容易出现危机，男人反而会离你越来越远。

其实婚姻中的男女，应该是独立的个体，拥有自由的私人空间、拥有自己的朋友、自己的爱好、自己的事业，不想因过分依附于对方而失去自我。在感性的爱情里也不要忘记留存一点理性的生活空间，不要试图去主宰什么，因为这世上没有任何一个人愿意成为他人的傀儡。

尊重对方的个人空间，只有信任对方才能做到。

比如，当伴侣想独处思考事情的时候，如果你总是怀疑他/她跟你不是"一条心"或是有出轨的迹象，你可能会觉得他/她在躲避你，有意冷落你，或是对你有意见。

你总是担心他/她背叛你而翻看他的手机和日志，你总是情不自禁地干涉他/她的私人空间，这些难免会造成他/她对你的排斥和反感。结果因为自己的捕风捉影和种种猜测把/她推向了离你更远的地方。

就像在生活中没有人愿意在拥挤而狭小的昏暗房子里生活一样。只有宽大和舒适的空间，宽大的房间、落地的窗户，才会让我们觉得心胸开阔，所以给彼此一些独立的空间吧，让他有机会想到你的好，有机会从远距离欣赏你在水一方的风华。

每天一个拥抱，收获人间小欢喜

人类进化史中，肌肤接触一直是人类情感交流的重要工具，人类的欢欣、快乐、悲伤、怜悯、情爱、关怀、帮助等多种复杂的情感都是可以通过皮肤间的相互触碰、爱抚来传递。

不光是婴儿与小孩子需要温暖的爱抚，成年人同样需要，在竞争激烈的现代社会，成年人面对着深重的生存和发展压力，无论男人还是女人，也无论外表多么强悍，内心其实都有柔弱的一面，都渴望被他人关爱。尤其是来自亲人情感上的交流和安慰，弥足珍贵。

他是一家之主。每次下班回家，他最喜欢说的一句话是："不要烦我了，我已经很累了。"今天也一样。

于是一如既往，妻子安静地做饭去了。几个孩子看见他回来，一个个轮流叫过一声爸爸,然后纷纷跑开,自顾自地玩耍去了。

他又辛苦了一天。他想,自己是个非常有责任感的父亲。他板着脸坐在小椅子上,不知道该做什么。他已忘却如何说一个笑话,他也不会去扮鬼脸。孩子们自己在一边玩得很开心,没有谁来打扰他。妻子做好饭菜会叫他。

这样一个幸福的家庭,这样一幅幸福的画面,还有什么不满足?他应该是非常满足了。

可是,一种很空乏、很寂寞的感觉升了起来,在他的胸口回荡。在他回到自己的家以后,却发现他用所有的一切撑起的一个充满甜美欢笑的家,居然与他保持着如此的距离,这种距离不是刻意制造的,但确实存在。

我们相信成年以后,那些小小的孩子,会对他们的父亲无比爱戴、感激与尊敬,因为他的付出是巨大的。

只是现在这一刻,孩子们在母亲那里嬉闹着,在温暖的怀抱里笑着。米饭端了上来,乳白的鲫鱼汤飘着鲜美的香味,炒菜散发着诱人的光泽。那是一种甜蜜而温暖的氛围,他就身在其中,却格格不入。甚至没有人注意到他默默吃完饭,回到卧室的时候,眼角有潮湿的痕迹。

是谁的错?应该怪谁?

当女人不爱一个男人时,她不会愿意拥抱他,除非他流泪哀哭,她才会于心不忍地抱一抱他,否则,她只会替他翻一翻衣领,扫一扫肩膀上的尘埃,或者拍一拍他的手背,她不会拥抱他。拥抱一个人，毕竟需要付出感情。

既然你爱他，就不要吝啬你的拥抱吧，轻轻地一个拥抱能够融化一颗层层防御的心。当你为他斟上一杯香醇的咖啡时，别忘了多加上一个体贴的拥抱，这可比糖和牛奶更让他甜在心里。

幸福与温暖蕴于细节之中，从一个拥抱、一个微笑，从小小的改变开始，你便能触及幸福。

低头的瞬间成全了爱

在公开场合，丈夫总会拉起她的手向新朋友自豪地介绍：她就是我温柔、漂亮的妻子。

这让她所有的女友都羡慕不已。

有一天，一位女友跑来向她倾诉婚姻的不幸。

女友说丈夫在家中喜欢开窗，而女友不喜欢开窗，总是趁着丈夫不注意悄悄把窗户关上，不知道是否因为这个原因，丈夫对自己日渐冷漠……

她只是静静地听，什么也没说。

听完后，她把女友带到书房，书房里悬挂着一幅巨大的照片，背景是上海著名的足球场。照片上，她与丈夫幸福相拥，她的笑容像绽放的花朵一样明艳夺目。女友心中产生了疑问："你喜欢足球吗？"她平静地回答道："不，我不喜欢足球，只喜欢看书与养花。"

她又把女友领到自己的卧室，推开房门，女友眼前出现了非常奇特的一幕：地板全部是绿色的，房间里到处悬挂着罗纳尔多的画像，连枕巾上居然都印有足球的图案。

女友对眼前看到的景象再一次产生了更大的疑问："你不喜欢足球，为什么把房间布置得像个足球场？"

她仍然以平静的口吻回答："我先生喜欢。"

女友越发糊涂了："但是你不喜欢呀！"

这次，她微笑着反问："想一想，为一个直径只有45厘米的足球，而伤害了与我共度了那么多日日夜夜、陪我走过了那么多风风雨雨的男人，值得吗？况且，仅仅如此而已，我还是依然喜欢着我的书与花，喜欢着自己喜欢的事。"

女友被触动了。

看着她那灿烂的笑容，女友顿时有豁然开朗之感。

那天傍晚，女友早早打开窗户站在窗前等候丈夫出现在视野里。

第二天出门的那一刻，女友终于看到了丈夫嘴角久违的笑意。这天上午，女友一共收到丈夫连续发来的五个短信，内容都是相同的三个字：我爱你。

英国作家塞缪尔·约翰逊在他的小说中有一段关于婚姻的理解："婚姻的成功取决于两个人，而使它失败一个人就已足够。

世界上没有绝对幸福圆满的婚姻，幸福只是来自无限的容忍与互相尊重。"

其实，很多人在婚姻上的失败，并非不爱对方，而是从一开始就没弄明白：婚姻从来不是一个人的世界，为爱情而携手走入婚姻的两个人，没有谁不爱谁，只有谁不适应谁。任何人都不是完美的，包括自己倾心相爱的人，总有不如意的地方。

所以，婚姻需要两个人互相为另一个人去改变、去迁就。一个女人不适应一个男人的鼾声，到习惯再没他的鼾声就睡不着觉，这就是婚姻。一个男人习惯了一个女人的任性、撒娇，甚至无理取闹、无事生非，这就是婚姻。婚姻的天长地久就蕴藏在这些看似不可理喻的细节之中。

很多时候就是这样，当我们退了一小步，往往就会前进一大步。一个半点都不肯让的人，最终只能一无所获、无路可走。

从此各自远扬，才对得起相爱一场

结婚第六年，她的婚姻亮起了红灯——老公在外有了情人，并执意要和她离婚。

这种决绝，使她不得不与他分道扬镳。

可看着老公和情人终成眷属，一副幸福充盈的样子，她心头的怨恨又像火山一样喷发出来。为此,她常常隔三岔五地上门滋事,摆出一副不拆散他们誓不罢休的架势。

在这场情感的较量中,她越陷越深,痛苦得难以自拔。她的父母为此心痛不已。为了帮助她走出这片感情的泥沼,父亲特地进城将她接回老家小住了几天。

父母的家坐落在山脚下,房前有个不大的小院。院子里有棵高大的枣树,此时正值金秋,满树的枣子黄亮亮的,在阳光的映照下,分外诱人。

她非常喜欢这棵枣树,小时候,她和小伙伴们常在树下嬉戏玩耍。可是此刻,深陷于情感大战中的她仰望着熟悉的枣树,却再也寻不到当年的好心情。

就这样郁郁寡欢地住了三天之后,父亲突然一大早叫醒她,兴致勃勃地带着她去爬山。那座山虽然有点儿高,但山势比较平缓。父女俩足足爬了三个小时,才到达山顶。当呼呼的山风掠过发际时,她感到一股久违的惬意。

父亲眯缝着眼,用手指着他们家房子的方向,问她:"你能看到家里的那棵高大的枣树吗?"

那棵枣树虽然高大,但和这座大山相比,不过是沧海一粟。她顺着父亲手指的方向极目远眺,仔细搜寻着目标……

见她沉默不语,父亲又大声地问她:"你能看见那棵枣树吗?"

良久,她努了努嘴,叹息了一声——不要说枣树,就连家里的那座房子也是隐隐约约的,看不真切。她颓然地在山顶的一块石头上坐了下来。

"闺女，如果你站在房前，不用抬头，就能看到院子里那棵高大的枣树。可现在，你从山顶上向下看，不要说枣树了，就连老家那座房子，也看不清了吧？"

父亲说得很慢，她不解地看着父亲，耐心地听着，"人生中，很多事情就像那棵枣树一样。如果你始终站在它附近，眼睛能看到的、心里能想到的，就会全是它。但是，如果你站在山顶眺望，你眼里就不再只是那棵枣树，而是漫山遍野的风景。我们每个人都难免经历各种失败，但在挫折面前，如果能像站在山顶一样看人生，你的目光就不会再局限于那一棵枣树上，因为它根本不值得让你为此痛苦、为此憔悴……"

父亲的话像一阵清凉的山风，吹得她心里清亮了许多。

婚姻破裂后，为了让他不得安宁，她把自己也推进了痛苦的深渊，并让父母为她悲痛欲绝。其实，再好的男人，即使你再爱他，如果他执意要走，他也注定是你生命中的一个过客。以前她不明白这个道理，总把他看作是自己生命的全部。

而此刻，当她站在山顶看人生，她蓦地发现，他只不过是微不足道的一粒尘埃，简直可以忽略不计。

她细细体会着父亲的话，"如果你能像站在山顶一样看人生，你的目光就不会再局限于那一棵枣树上"。忽而，她感到自己所有的爱恨情仇，像山岚一样，慢慢地飘散，开始变得风轻云淡起来……

离婚并非做人最大的失败，更不至于毁灭人生。无论何时何地，何种境地，姿态是每个人最强大的武器。条条江河汇大海，归根结底，谈情说爱是一种品质，品质好的人，聚散都从容。一个人不管在城内还是在城外，保有一副自如的姿态，好过在一场不堪的婚姻里挣扎，更好过陷在过去的沼泽中不可自拔。

第九章

静下来感受，一切都会是期许的模样

幸福就是，以自己的方式定义生活

生活中，我们习惯了由父母、师长指点着升学、工作、恋爱……哪怕违背了自己心底的声音。但事实上，只有选择符合内心想法的生活，我们才能走得更远、飞得更高。我们习惯了忙忙碌碌地扮演自己的角色，观察别人的脸色；习惯了拿报纸上某个人的伟大成就与自己相比。其实只要确定自己的目标并相信自己的能力独一无二，我们可以活得很好。

他是一个美国式的英雄，几经起伏，但依然屹立不倒，就像海明威在《老人与海》中说到的，一个人可以被毁灭，但不能被打倒。他创造了"苹果"，掀起了个人计算机的风潮，改变了一个时代，却在最顶峰的时候被封杀，跌落谷底；但是12年后，他又卷土重来，重新开始第二个"史蒂夫·乔布斯"时代。

在斯坦福大学2005年毕业典礼上，乔布斯说："你的时间有限，所以不要为别人而活。不要被教条所限，不要活在别人的观念里，不要让别人的意见左右自己内心的声音。最重要的是，要勇敢地追随自己的心灵和直觉，只有自己的心灵和直觉才知道你自己的真实想法，其他一切都是次要的。

"你是否已经厌倦了为别人而活？不要犹豫，这是你的生活，你拥有绝对的自主权来决定如何生活，不要被其他人的所作所为束缚。给自己一个培养自己创造力的机会，不要害怕，不要担心。过自己选择的生活，做自己的老板！"

史蒂夫·乔布斯一直都在以行动追求他的最爱，一直都在做自己的老板！是他缔造了"苹果"神话，成为众多企业家心目中的偶像。

每个人都有自己的角色和人生，只有演好自己的角色，我们才会拥有快乐的人生。如果你想让自己快乐、幸福地生活，就要找到自己的角色，不要模仿别人。

有人对李开复给大学生的第五封信做过这样的阐释：

首先，不要被信条所惑，盲从信条是活在别人的生活里。意思就是说，不要学所谓的成功学，它不可能让你成功。当然其中可能有一些有益的话，但是仅此而已，因为当有益的话泛滥之时，有益就变成无益了。不要让任何信条变成你行动的指南、思想的束缚，你应该有自己的信仰，只有你自己的目标可以告诉你应该做什么，只有你自己的价值观可以告诉你怎么做。不要活在别人的目标里，更不要活在别人的方法里。你应该为自己的目标而活，而任何方法都是工具，不应该摆在第一位。

其次，每个人的时间都很有限，所以不要浪费时间活在别人的生活里。控制熬夜刷剧的时间，不要活在别人虚构的生活里；名人传记可以看一些，但不要多看，也不要看第二遍，因为你的人生道路是你独有的,不可能模仿别人来走自己的路;不要盲目崇拜任何人,你是独一无二的,不是任何人的复制品,因此你的生活也不能成为别人生活的附属品;不要活在自己的过去里,活在过去的人,是生活在别人的生活里——这个"别人"是过去的自己。

再次,不要让任何人的意见淹没你内在的心声。如果你经历过一些事情,你会发现,别人的意见不应该成为你做决定的最后依据。很多时候,别人的意见是错的,不为什么,只因为没有人比你更了解自己的情况,更重要的是,任何人的意见都出于他自身的价值观,而你不应该活在别人的价值观里。不要在意别人对你的看法,一千个人有一千个人的心理背景和价值观,你永远不可能把自己调整到让所有的人都接受你。你应该倾听自己内在的良知的声音,寻找属于自己的人生意义,然后勇往直前坚持到底。走自己的路,让别人去说吧!

最后,最重要的是拥有跟随内心和直觉的勇气,你的内心与直觉知道你真正想成为什么样的人。

你究竟是一个哲学家还是一个创业者,不是由别人来评定的,它只源自你的内在本质,你的本质是什么,你就应该成为什么样的人。而这一切,你只能靠自己的内心和直觉来发现,所以,你必须倾听自己内在的呼唤。

在这个世界上,人与人之间存在着差别,就像是两只酒杯一样,有大有小。但是,不管是什么样的酒杯,都只有在装上酒后才能够体现出它的价值和用处。人活在世上也是一样，不管外界用什么标准来评判我们，我们都只有听从内心的声音，用正直的行动努力地生活，去实现梦想，才能够找到人生的意义。

用感受力喂饱自己的灵魂

当你觉得心灵充实的时候，当你在逆境中站起身的时候，你会发现，原来幸福不过这么简单，就是心灵的充实罢了。

很多人因为生活境遇，或者因为暂时的困难愁苦，觉得心灵空虚，于是为了排除愁绪、摆脱寂寞，有人借酒，也有人用烟，还有人寻找刺激，这些都是愚蠢的方式，并不能填补心中的空虚。当一个人处在蹉跎与徘徊之时，特别需要有人给以力量，予以同情、理解和支持，只有在获得支持时，才觉得自己不是孤立无援的。

所以，你要学会的是，如何让自己的心灵充实起来。

在我们这个世界上，精神饥渴的人随处可见，那些生活在沮丧、消极、失败、忧郁中的人，他们都迫切需要精神的滋养和灵感的召唤，但他们几乎都排斥充实他们的心灵，任由心灵黯淡无光。

精神食粮随处可得，例如书籍。经由伟大的心灵撞击而写成的书籍，没有一本不是洗涤并充实我们心灵的食粮，它们早已为后人指明了方向，而我们可以在其中任意挑选我们想要的。伟大的书籍就如伟大的智慧树、伟大的心灵之树，我们将在其中得以重塑。

如果空虚的头脑能像空虚的肚子一样，只要填满一些东西就能让主人满足的话，那该有多好。可惜没有这么便宜的事情，我们总是要接受心灵空虚的惩罚。

心灵是我们每个人真正的家园，我们是好是坏都取决于她的抚育。因为进入这个家园的每一件东西都有一种效用，都会有所创造，为你的未来做准备，或者会有所毁灭，降低你未来可能的生命成就。一个人必须找到自己的家，才不至于去流浪或沦为乞丐。首要的，这个家就是我们的内心。唯有当我们将心灵喂饱了、充实了，它才会告诉我们幸福是什么。

一杯淡水、一壶清茶可以品出幸福的滋味，一片绿叶、一段音乐可以带来幸福的气息，一本书、一本画册可以领略幸福的风景。幸福不仅在于物质的丰裕，更在于精神的追求与心灵的充实。

清晨，一睁开眼睛看到爱人在忙碌是一种幸福；夜晚，回家看到爱人的等候是一种幸福；冬日，深夜写作时爱人送上一杯热咖啡，是幸福的关爱；起床时能喝上一杯热茶是幸福的；在你生日时爱人送的礼物是一种幸福；在酷热的夏天喝上一杯凉白开水也是一种幸福。其实，幸福无处不在，无时不有。

所以，内心的充实就是最美丽的幸福之花。

品尝知足的乐趣

钱钟书先生在《论快乐》中说:"快乐在人生里,好比引诱小孩子吃药的方糖,更像跑狗场里引诱狗赛跑的电兔子,几分钟或者几天的快乐赚我们活了一世,忍受着许多痛苦。我们希望它来,希望它留,希望它再来。"这三句话概括了整个人类努力的历史,它剥去了快乐的外衣,裸露了人生悲苦的里层,让人悲叹不已,回味无穷。在人们追求和等待的时候,生命不知不觉地偷渡过去,我们只是时间消费的筹码,活了一世不过是为那一世的岁月充当殉葬品,根本不会享受到快乐。但是我们到死也不明白是上了当,我们还幻想死后有个天堂,在那里我们终于享受到了永远的快乐……

什么是快乐?快乐就是知足,快乐就是健康,快乐就是心情愉悦地勤奋工作,快乐就是和家人共享美好的时光。

纵观古今中外,有多少人为了财富而"机关算尽",最终落得"一片白茫茫大地真干净",王熙凤精于算计,也可谓精明到家,最终落得草席葬身。

老子曾经说过,缤纷的色彩会让人眼花缭乱,嘈杂的声音使听觉失灵,丰盛的食物让人食不知味,他认为君子应只求安饱而不逐声色,拒绝诱惑以保持内心安定。

我们不要求过这种苦行僧的生活，但也绝对反对奢华。为金钱而疯狂、在人生的道路上迷失了自我的人越来越多。其实一个人的财富与他的快乐并不成正比，即使是腰缠万贯的人，如果生活没有快乐，那么他也是贫穷的。

所以，知足才能带来快乐。

我们小时候都读过《渔夫和金鱼的故事》。故事中的老婆婆本会因为渔夫的善良而幸福一辈子，然而她在享受金鱼给了她人类中最大的权力和无比的财富后，她却还不知足，最终被打回原形，继续坐在破屋子前缝补破渔网。

生活中，这样的人也不少。一些人从最初对别人的羡慕而不能得到、于是对那人不满，甚至失去理智，进而痛恨整个世界。一路走来，这样的人失去的不仅是和别人的友情，也失去了属于自己的快乐和幸福。

中国有句古话叫"天高不算高，人心比天高"。意思是说，人的欲望是无止境的，高了还想再高，好了还想更好。其实，更多时候我们不应该如此，在某些时候，也应该多想想已经拥有的，这样，才能懂得感恩、才会满足、才会快乐。也只有这样，才能善待自己、珍惜生活。

知足让我们变得更加平静、安详和超脱，知足的人总会微笑地面对生活，快乐每一天。

不是大笑，不是狂笑，是微笑

世界上的每一个人都在追求幸福。有一个可以得到幸福的简单方法，那就是微笑着过好每一天，这样，不只你会觉得幸福，连你身边的人都会一起幸福起来。

你的笑容就是你温暖的信使，你的笑容能照亮所有看到它的人。对那些整天都皱着眉头、愁容满面的人来说，你的笑容就像穿过乌云的太阳，尤其对那些受到上司、客户、老师、父母以及子女压力的人来说，你的笑容能告诉他们一切都是有希望的，世界是有欢乐的。

生活对每个人都是公平的，并不欠我们任何东西，所以不要总苦着脸。应该对生活充满感激，至少它给了我们生命，给了我们生活的空间。让我们养成微笑的习惯吧。微笑是对生活的一种态度，跟贫富、地位、权力没有必然联系。富翁可能整天忧心忡忡，而穷人可能心情舒畅；达官贵人可能愁眉不展，平民百姓却可能会面带微笑。

微笑是一种修养，并且是一种很重要的修养，微笑的实质是亲切，是鼓励，是温馨。真正懂得微笑的人，更容易获得成功。

养成微笑的习惯，会增加你的亲和力，他人更乐于与你交往，你也就会得到更多的机会。一个人的情绪受环境的影响，这是很正常的，但你苦着脸，一副苦大仇深的样子，对处境并不会有任何改变。相反，只有心里有阳光的人，才能感受到阳光的温暖。生活始终是一面镜子，照到的是我们的影像，当我们哭泣时，生活在哭泣；当我们微笑时，生活也在微笑。

养成微笑的习惯，发自内心抒发感情，不卑不亢，既不是对弱者的愚弄，也不是对强者的奉承。微笑没有目的，无论是对谁，那笑容都是一样的；微笑是对他人的尊重，是有"回报"的，人际关系就像物理学上所说的力的平衡，你怎样对别人，别人就会怎样对你，你对别人的微笑越多，别人对你的微笑也就越多。

在受到别人误解时，可以选择暴怒，也可以选择微笑，通常微笑的力量会更大，因为微笑会震撼对方的心灵，显露出来的豁达气度会让对方觉得自己渺小、丑陋。有时候过多的解释、争执是没有必要的，对于那些无理取闹、蓄意诋毁的人，给他一个微笑，剩下的事就让时间去证明好了。

微笑能改变你的生活。对遇到的每一个人都微笑致意，甚至都不需要你张口说话，就足以表达你所有的友善和仁爱。

最愉悦的事，就是灵魂相逢的狂喜

有一把伞撑了许久，雨停了也不肯收；有一束花嗅了许久，枯萎了也不肯丢；有一种朋友希望做到永久，即使青丝变白头也能在心里深深保留。这是一种刻骨铭心的感受,这是一种超凡脱俗的境界。时间可以冲淡岁月的创伤,但冲不淡友谊的情怀;距离可以拉开朋友握紧的双手,却拉不开彼此牵挂的心灵;时间的磨砺可以改变人的容颜,却改变不了友谊的永远。

有这样一个故事:有两个朋友结伴在沙漠中旅行,在旅途中的一个地方,他们因为一件莫名的小事吵了起来,最后一个人还给了另外一个人一记耳光。被打的人心里觉得很不是滋味,但是他却一句话也没说,只是默默地伸出了自己的一个手指,在沙子上写下:"今天我的好朋友打了我一巴掌。"

之后,他们继续往前走,只是总感觉少了点什么东西。经过长途跋涉,他们终于走出了沙漠,结束了沙漠之旅。他们来到了一个湖的边上,好久都没有见过这么大、这么美的湖了,于是,他们就决定下去游泳。不幸的是,挨巴掌的那位由于过度疲劳,差点溺水而亡,幸好被朋友救起来。在说过谢谢救命之恩的话后,他拿起一把小刀,在石头上很小心地刻下:"今天我的好朋友救了我一命!"

朋友看到他又刻字了,十分好奇,就问:"为什么我打了你以后,你要把字写在沙子上,而现在却要把字刻在石头上呢?"

他笑了笑,回答说:"当被一个朋友伤害时,要写在容易忘却的地方,岁月会负责抹去它;相反,如果得到帮助,我们要把它刻在心灵的深处,那里虽然也有岁月的蚕食,但却不能抹灭它的丁点光芒!"

有时候朋友的伤害往往是无心的,而帮助却是真心的。很多时候我们却对那些芝麻大的伤害斤斤计较,对那些莫大的帮助视而不见,心里留下的也只有无穷的幽怨与烦闷。其实,只要我们忘记那些无心的伤害,铭记那些对你真心地帮助,就会发现这世界上,我们有很多很多真心的朋友。

因此,请珍惜你身边的朋友,告诉他们,在你心中他们有多重要,并且你有多在乎他们吧。友谊的双桨需要我们和谐地摇荡,才能推开层层波浪助我们成功。如果说友谊是一棵常青树,那么,浇灌它的必定是出自心田的清泉;如果说友谊是一朵开不败的鲜花,那么,照耀它的必定是从心中升起的太阳。友谊不仅是一片照射在冬日的阳光,使贫病交迫的人感到人间的温暖;友谊还是一泓出现在沙漠里的泉水,使濒临绝境的人重新看到生活的希望;友谊更是一首飘荡在夜空的歌谣,使孤苦无依的人获得心灵的慰藉。

把握眼前的幸福

有个人去探望一位生病的友人,聊起很多从前的事情,计划很多未来的事情,友人忽然发问:"对于你来说,最幸福的时刻是什么?"那人想了半天,竟然没有一个很适合的答案。

直到有一天他陪朋友去见一位来自广州的朋友，朋友说："他的人和他的文章一样禅意幽深。"他微笑着道出一个意想不到的答案："过去的事情来不及衡量是否幸福，将来的事情没必要揣测是不是幸福。幸福，就是用心享受面前的好茶，让此刻愉快的感觉更醇厚，而面前与你谈新叙旧的人更是幸福之源。"

生活中似乎有太多可以论证这番话的例子。

有个人花了很多钱买过一件非常漂亮的衣服，因为太喜欢，却舍不得穿，除非参加什么重要的会议，或者出席需要表示自己诚意的场合时才上身。使用率太低，慢慢地也就忘记了自己有这样一件衣服。

换季的时候，她整理衣柜，才想起自己原来有过这样一件衣服，因为躲过了水洗日晒的蹉跎，它依旧崭新笔挺，但是款式却已经过时，她讪讪而自责地把它小心包好继续收进柜底，回味起当初对它的喜欢，忍不住感叹那些快乐都成了落花流水。

回首多年前，很年轻的时候，你可否也喜欢过什么人，一点一滴、一颦一笑都有无尽的话想要表达想要歌颂。但总是怯于启齿，小心翼翼地把那些心事静静地窝在心里，折叠得整整齐齐，幻想着总有一天，会勇敢地站在那个人的面前扑啦啦地全部抖开。

等啊等啊，最终这些情愫就像一粒种在晒不到太阳又缺乏雨露的泥土里的种子，只能腐烂在土壤里。

我们都太喜欢等待，固执地相信等待是没有错的，可美好的岁月就这样在一个又一个等待中消耗掉了。

没有在最喜欢的时候穿上美丽的衣服，没有在最纯粹的时候把这种纯粹表达出来，没有在最看重的时候去做想做的事情，以为将来会收获的丰硕，结果全都变成了小而涩的果子。

品尝这种酸涩时，我们唯一能做的就是自责：如果当初多穿几次那件衣服，如果当初有足够的勇气对他说……那会是多么幸福。

生命中的任何事物都有保鲜期。那些美好的愿望如果只是珍重地供奉在理想的桌台上，那么只会让它在岁月里积满灰尘。

当我们在此刻感觉到含在口中的酸楚，也就应该在此刻珍重身上衣和眼前人的幸福。

与世界和解，拥有的幸福会更多

有人把世界上的人分为两种：幸福的人和不幸的人。似乎这样的定义有点残忍和模糊，因为从根本上说，这两种人在本质上并没有什么区别，也有可能会随时转化。但我们会发现，幸福的人往往比较容易满足，而不幸的人一旦沉溺在那种心境中，似乎就很难再幸福起来。这是为什么呢？

其实只不过是因为他们在日常生活中所拥有的心境不同，准确地说，是他们控制内心的能力有所不同。

幸福需要超群的美貌、智慧、能力和财富吗？不，当然不，我们看到那么多的富豪和美人并不开心，甚至被生活压弯了脊背，每一日都生活在焦灼和忙碌中，甚至连体会幸福的闲暇都没有。

其实一个幸福的人，并不会用上面的条件来衡量自己的生活，因为幸福并不是他在人生道路上有多么的一帆风顺，也不是他的能力有多么的超群，而是因为他擅于控制自己的内心。不管身处逆境还是顺境，他始终都能在狂风暴雨中看到美丽的彩虹，甚至能在一败涂地中看到美好的将来，并时刻保持一种良好的心态，不因暂时的厄运而沮丧，不因一时的困顿而自暴自弃，更不会因为别人的责难而为难自己。任何时候，他们都不会放弃幸福的希望。

这样的人，看似什么都没有，实际上，他们拥有着最宝贵的幸福的能力。

相反，一个不幸福的人并不是像人们所说的那样缺少运气，而是他们恰恰缺少这种保持自己心情的能力，也就是幸福的能力。他们不幸福的原因仅仅是他的内心任自己的情绪跟随发生的事情恣意放纵，这样的人很容易陷入不好的心境中去。

幸与不幸的诀窍其实就在于两个字——内心。内心处于平衡状态，则会感觉幸福，反之，则感觉不幸福。

乐观开朗的人做事一定是积极的，不管是在工作还是在生活中，他们都能很好地完成任务，因此他们自我价值的实现也就相对较多。自我价值实现得越多，自我肯定的成就感也就越多，这样他们就能拥有更加乐观的心态。相反，悲观、抑郁的人，整天愁眉苦脸地面对生活，不管做什么事情都不积极，甚至错误百出，那么他们自我价值的实现就会相对较少，自我否定的因素就会增加，这样也就使他们的心情更加消极抑郁。因此有人说，积极的心态会创造幸福的人生，而消极的心态则让人生充满阴霾。

一个人能够控制自己的思维和情绪，使自己能够有一个良好的心理状态，就能平衡自己的内心从而获得幸福。生活中的非理性因素实在是太多了，以至于人们常常会因为这些非理性因素而控制不住自己的内心，导致一些悲剧的发生。

一个人的内心就是一个人真正的主人，要么你去驾驭生命，要么是生命驾驭你，而你的内心将决定谁是坐骑，谁是骑师。

找到自己平衡的内心吧，通过它，你会发现幸福的光芒。

快乐是一种精神，幸福是一种美德

幸福是什么？不同的人或同一个人在不同的人生阶段有着不同的理解。

幸福，是饥饿人的一块面包，是口渴人的一瓶矿泉水，是久别重逢时的激情相拥，是渴望成功者人生的新支点，是悔过自新的人新的起点……

生活中，大多数人大部分时间都是在平淡中度过的，而擅于忍受平淡，擅于在平淡的生活中发现不平凡，对人生而言本就是一种莫大的幸福。

幸福是无止境的，它随着社会的进步而不断被赋予新的内涵，只有那些善待生活的人才能在不断的创造中把握幸福；幸福也是大度的，那些给别人创造幸福的人，也一定拥有着幸福；幸福还是辩证的，失意坦然、得意淡然才是幸福的真境界！幸福是人的心灵感应，但只有富于创造的人才能拥有真正的幸福。

原地踏步的人是不会有幸福的，不断退步和歪曲幸福的人就更没有幸福可言。幸福钟情于不断追求上进、敢于自我挑战、默默攀登不断进取、无私奉献的人……

幸福需要一个平和的心态。在一些人看来，有的人既有权力又有财富，应该很幸福了，殊不知其可能正经受着痛苦的煎熬；而有的人或许正在为生计而苦苦奔波，可谁又知道他的内心正因希望而幸福啊！所以，以一颗平常心去面对社会、面对人生，知足常乐，便是幸福的另一种境界。

幸福是给予、是奉献，而不是一味索取。人的一生其实就是不断努力追求幸福、获得幸福的过程。有的人把夺取他人的幸福当成自己的幸福，是一种可耻的行为，必将受到社会的唾弃；而那种把别人的幸福当成自己的幸福、把别人的快乐当成自己的快乐的人，既创造了幸福同时自己也是幸福的。

所以，人生真正的幸福是"心安"，而非物质的享受，因为一切物质如泡沫般虚幻，也如天上的浮云瞬间即过。让我们在平淡中寻找幸福，在细微中品味幸福，在孤独中守望幸福，在遗忘中怀念幸福。

任何地方都书写着美，用一颗清净心去感悟

人们在任何时候都需要保持一颗清净的心。清净心，即无垢无染、无贪无嗔、无痴无恼、无怨无忧、无系无缚的空灵自在、湛寂明澈的纯净妙心，也就是离烦恼之迷惘，即般若之明净，止暗昧之沉沦，登菩提之逍遥。

有了清净心，就能忍耐一切失意事，遇到快乐的事也能淡然视之；得到荣耀和上天的恩宠，能保持平和之心，受到怨恨也能安然对待；烦恼和忧心之事到来时，能平静处之，忧愁和悲伤也能尽快平复。清净心能够提升人的境界，如果能清除妄心，回归真心，那么参禅之人就能修成正果；普通人也能除去烦恼，自在逍遥。

佛陀带领阿难及众多弟子周游列国，一日，朝着一座城行进。那位城主早已耳闻佛陀的事迹，担心佛陀到城里后，会使所有的子民都皈依佛门，自己将来就无法受人敬重了，于是下令："若

有人敢供养佛陀,就要缴 500 钱税金。"

佛陀进城后,就带着阿难去托钵,城里的居民因担心缴沉重的税金而不敢出来供养佛陀。当佛陀托着空钵准备出城时,一位老用人正端着一碗腐烂的食物出门,准备将之丢弃,然而,当她看到佛陀庄严的姿态、大放光明的金身及眉宇间散发的慈悲与安详时,心里非常感动。

这位老用人顿时生起了景仰的清净心,想要供养佛陀一些美味佳肴,但她因一贫如洗而无法如愿,心中既难过又惭愧,只好告诉佛陀说:"我实在很想设斋供养您,但我什么也没有,只剩手上这碗粗糙的食物,若佛陀您不嫌弃,就请收下吧!"佛陀看出她的虔敬以及供养的那份清净心,就毫不犹豫地收下了她供养的食物。

佛陀对阿难说:"这位老用人因为刚才的布施,在往后的十五劫中,她将到天上享福,不堕入恶道中。之后,她会投生为男子,并且出家修行,成为辟支佛,证到无上涅槃,受大快乐。"

这时,有个人看到这样的情形,就对佛陀说:"用这样不净的食物布施,竟可得到如此的果报,怎么可能呢?"

于是佛陀问他:"你可看过世间有什么稀有罕见的情形?"

那人回答:"有啊!我曾经在路上亲眼看见一棵大树,居然能遮蔽住有五百辆车的车队,那树荫大得简直没有尽处,这可说是稀有难得的吧!"

佛陀说:"这棵树的种子有多大呢?"

那人回答:"大概就只有一般种子的三分之一大而已。"

佛陀说:"谁会相信你说的话呢?那样一棵罕见的大树,竟然是由如此微小的种子所孕育出来的。"

那人紧张地反驳说:"是真的呀!我没有撒谎骗人,因为那是我亲眼所见的。"

佛陀告诉这个人:"那位充满清净心布施的老用人,最后得到大福报,这和你遇到的情形不是一样吗?树的种子如此微小,却有极大的果报。更何况,如来已证得最圆满的果位,福田是如此丰盈,这样的事不是不可能的。"

这个人听了当下豁然开朗,赶紧顶礼佛陀,忏悔自己的愚痴过失。佛陀欢喜地接受此人的忏悔,并慈悲地为他开示。由于一心听法的缘故,此人即证得初果罗汉。证果的他欢喜地举起双手,向大家呼喊道:"各位,甘露的门打开了,为何大家不赶快出来啊?"

城里的居民纷纷缴纳了500钱税金后,蜂拥至佛陀面前,表示欢迎与供养,并异口同声地说:"若能得到甘露佛语,那500钱又算得了什么!"

当所有的居民都出来供养佛陀时,城主的那道命令也就显得无效了。后来,城主也忏悔了自己的过失,和大众一起同获清净的心。

"清净心植众德本",一切功德皆从清净心中来。正如故事中的老用人一样,抱持一颗清净心布施,即使只是一碗腐烂的食物，也能得到福报。

在现实生活中，我们也需要抱持一颗清净的心。无论生活、工作还是学习，都应做到内心清净。清净并不是空，并不是什么也不想，而是无论好坏，都不放在心上。做再多的好事，取得再大的成就，都不往心里去；同样，遇再多挫折，受多大打击，也不纠结于心。

不执着，不分别，不贪心，不妄想，心就清净。清净心里生欢喜，这种欢喜不是从外界来的，而是由内心生发出来，是真正的欢喜，不会随外物而变。

在紧张忙碌的日子里，拿出小小的空闲为自己净心，片刻的净心会带来片刻的安宁，无数个片刻积累起来，人就获得了一份悠然自得的心情，整个身心也能达到和谐的状态。从片刻安宁到身心和谐，又何尝不是一粒种子长成参天大树的过程？